带电检测仪器手册

EPTC 带电检测专业教研组　组编

内 容 提 要

本手册汇集了目前带电检测仪器，包括红外成像、紫外成像、油中溶解气体分析、局部放电检测、SF_6气体分析、SF_6气体湿度、SF_6气体泄漏成像、相对介质损耗因数及相对电容量比值检测、暂态地电压、全电流和阻性电流、铁芯接地电流检测等带电检测仪器，分别对各个仪器的用途、执行的标准、相关标准技术性能要求进行了介绍，同时给出某类具有代表性仪器的图片。

本书可供从事带电检测的人员使用，其他相关人员也可参考。

图书在版编目（CIP）数据

带电检测仪器手册 / EPTC 带电检测专业教研组组编. —北京：中国电力出版社，2020.6
（2023.6 重印）
ISBN 978-7-5198-4362-5

Ⅰ. ①带… Ⅱ. ①E… Ⅲ. ①带电测量–电工仪表–手册 Ⅳ. ①TM93–62

中国版本图书馆 CIP 数据核字（2020）第 030290 号

出版发行：中国电力出版社
地　　址：北京市东城区北京站西街 19 号（邮政编码 100005）
网　　址：http://www.cepp.sgcc.com.cn
责任编辑：罗　艳（yan-luo@sgcc.com.cn，010-63412315）
责任校对：黄　蓓　郝军燕
装帧设计：张俊霞
责任印制：石　雷

印　　刷：河北鑫彩博图印刷有限公司
版　　次：2020 年 6 月第一版
印　　次：2023 年 6 月北京第二次印刷
开　　本：710 毫米×1000 毫米　16 开本
印　　张：7
字　　数：111 千字
印　　数：1501—2500 册
定　　价：52.00 元

编 写 工 作 组

主　　编　牛　林

副 主 编　段大鹏　何文林　黄金鑫　冯新岩

编写成员　颜湘莲　陈邓伟　董　明　刘弘景　徐尚超　唐志国

毕建刚　王广真　李光茂　郭海云　张　勇　张　军

季　斌　刘宏亮　汤晓丽　王晓光　王克龙　何　平

席建军　李　晏　王茂祥　赵纪民　赵洪义　朱　斌

吴　伟　杨　建　曾德华　丁五行　李建国　袁　愿

郑　宏　胡　晗　温晓东　曲　健

主　　审　阎春雨

参编单位

中国电力科学研究院有限公司

国网技术学院

国网北京市电力公司电力科学研究院

国网浙江省电力有限公司电力科学研究院

国网山东省电力公司检修公司

国网河南省电力公司技能培训中心

中能国研（北京）电力科学研究院

国网河北省电力公司电力科学研究院

国网吉林省电力有限公司培训中心

陕西省电力公司技能培训中心
广东电网有限责任公司广州供电局电力试验研究院
山东大学
西安交通大学
华北电力大学
北京博电新能电力科技有限公司
北京国电迪扬电气设备有限公司
保定天威新域科技发展有限公司
保定天腾电气有限公司
成都恒锐智科数字技术有限公司
常州爱特科技股份有限公司
山东泰开高压开关有限公司
上海热像机电科技股份有限公司
上海格鲁布科技有限公司
上海思创电器设备有限公司
上海莫克电子技术有限公司
上海锐测电子科技有限公司
四川赛康智能科技股份有限公司
泰普联合科技开发（北京）有限公司
河南省日立信股份有限公司
红相股份有限公司
杭州柯林电气股份有限公司
杭州国洲电力科技有限公司
广州科易光电技术有限公司
青岛华电高压电气有限公司

前 言

带电检测已经成为高压电气设备状态检测的主要手段，受到各单位的高度重视。而带电检测仪器的性能则直接影响检测工作质量。为便于一线电力运维人员正确了解带电检测仪器技术性能要求，方便选购性能优良的带电检测仪器，依据国家及行业标准，编制了《带电检测仪器手册》。本书按不同带电检测项目，给出了带电检测仪器的适用电压等级、用途、执行标准和技术性能要求，收集了主流生产厂商仪器的技术参数和用途，为国内外优秀带电检测仪器制造商搭建了良好的产品展示平台。

《带电检测仪器手册》一书由电力行业输配电技术协作网带电检测专业教研组牵头编写。整个编写过程中，得到各地电力（网）省公司、科研院所及带电检测仪器供应企业的大力支持，相关产品数据均由企业提供。特邀中国电科院、国网技术学院、北京电科院、浙江电科院等权威专家组成编审委员会对本书进行审核，并提供补充了很多编写素材，提出了重要编写意见，在此表示衷心的感谢。

限于编者的水平，书中难免有疏漏之处，本书没有对各标准的差异性进行甄别，国内仪器厂商不全，国外厂商仪器信息较少，厂商提供的仪器技术参数未做检测核实，诚恳希望广大读者提出修改、调整、补充意见，使其更加完善。随着检测仪器的创新和技术的不断发展，本手册将定期修编。

编 者

2020 年 5 月

目　录

前言

第一章　局部放电检测 ······ **1**

一、特高频局部放电检测仪器 ······ 2
二、高频局部放电检测仪器 ······ 8
三、超声波局部放电检测仪 ······ 18
四、暂态地电压局部放电检测仪 ······ 27
五、电缆振荡波局部放电测量系统 ······ 32

第二章　电气量检测 ······ **36**

一、相对介质损耗因数及电容量检测仪器 ······ 37
二、泄漏电流检测仪器 ······ 41
三、接地电流检测仪器 ······ 44

第三章　光学成像检测 ······ **47**

一、红外热像仪 ······ 48
二、紫外成像检测仪 ······ 54
三、X 射线检测仪 ······ 56
四、SF_6 气体泄漏红外成像检测仪 ······ 61

第四章　化学检测 ······ **63**

一、油中溶解气体分析带电检测仪（气相色谱法） ······ 64
二、SF_6 气体湿度检测仪器 ······ 66

三、SF_6气体纯度检测仪器 …… 72
四、SF_6气体分解产物检测仪器（电化学传感器法） …… 78

第五章　机械声学检测 …… 87

超声波探伤仪 …… 88

第六章　新型检测及其他检测 …… 92

一、新型检测 …… 93
二、其他检测仪器 …… 98

第一章

局部放电检测

一、特高频局部放电检测仪器

用途

特高频局部放电检测仪适用于GIS、变压器、电缆附件、开关柜等电力设备，多采用外置特高频传感器进行检测，内置式主要用于 GIS、变压器等关键电力设备。

执行标准

DL/T 1534—2016 《油浸式电力变压器局部放电的特高频检测方法》

Q/GDW 1168—2013 《输变电设备状态检修试验规程》

Q/GDW 11304.8—2015 《电力设备带电检测仪器技术规范　第 8 部分：特高频法局部放电带电检测仪技术规范》

相关标准技术性能要求

1. 功能要求

（1）基本功能满足以下要求：

1）具有检测数据实时显示、存储、查询和导出功能。

2）具备告警阈值设置和指示功能。

3）若使用充电电池供电，电池应便于更换，单次连续工作时间一般不少于 4h。

（2）巡检型仪器专项功能满足以下要求：

1）应能实现局部放电的特高频检测，并具备放电信号幅值实时显示功能。

2）应具有电压相位信号内同步或外同步功能，并具备 PRPS 图谱实时显示功能。

3）检测结果图谱显示应具有一定的动态刷新速率，刷新频率不小于5次/s。

4）应采用充电电池供电，充满电单次持续工作时间不低于4h，充电时仪器仍可正常使用。

5）测试数据的存储和导出应包括图片和数据文件方式，数据文件的格式应满足Q/GDW 11304.8—2015附录A要求。

（3）诊断型仪器专项功能满足以下要求：

1）应能实现局部放电的特高频检测，并具备放电信号幅值实时显示功能。

2）应具有电压相位信号内、外同步功能，并具备PRPD、PRPS谱图实时显示功能。

3）检测结果图谱显示应具有一定的动态刷新速率，刷新频率不小于5次/s。

4）测试数据的存储和导出应包括图片和数据文件方式，数据文件的格式应满足本附件中文件格式要求，并具备测试数据查看和管理功能。

5）同时检测通道数应不少于3个。

6）应具有放电类型识别诊断功能。

7）应具有在线监测模式功能，单次持续监测时间不小于7d，可根据现场实际情况调整设置局部放电信号的自动存储条件（如放电信号阈值、存储周期、变化率等参数）。

2. 传感器平均有效高度

特高频传感器检测频带至少覆盖300～1500MHz，在300～1500MHz频带内平均有效高度应不小于8mm，且最小有效高度不小于3mm。

3. 检测灵敏度

特高频局部放电带电检测仪（含传感器）在GTEM中测试的检测灵敏度不大于7mV/m（17dBmV/m）。

4. 动态范围

特高频局部放电带电检测仪的动态范围不应小于40dB，在动态范围内检测结果应能有效反映局部放电强度的变化。

5. 局部放电类型的正确识别率

诊断型特高频局部放电带电检测仪应能正确判断GIS中典型局部放电类型，包括：自由金属颗粒放电、悬浮电位体放电、沿面放电、绝缘件内部气隙放电、金属尖端放电等，可对局部放电发生的类型进行统计，诊断结果应当简单明确，典型缺陷放电信号的正确识别率不低于80%。

6. 稳定性

特高频局部放电带电检测仪在标定源输出50～100V范围内仪器各项功能正常，连续工作4h后，其GTEM检测信号幅值的变化应不超过±5%。

7. 便携性

特高频局部放电带电检测仪应携带方便、操作便捷，并适用于单人独立或两人配合开展检测工作。

巡检型仪器主机重量不应超过3kg。

特高频局部放电检测仪器典型产品及主要技术参数

企业名称	型号规格	产地	适用设备	外观图片	主要技术参数	产品特点	是否具有型式试验报告
上海格鲁布科技有限公司	PD71便携式局部放电检测诊断与定位仪	英国	GIS、开关柜、变压器等	尺寸：400mm×250mm×130mm/4kg	（1）传感器平均有效高度：10mm （2）检测灵敏度：1.5mV/m （3）动态范围：－70～－5dBm，65dB （4）稳定性：连续工作4h后，其GTEM检测信号幅值的变化不超过±5% （5）便携性：质量4kg，可充电锂电池续航6h	（1）具备局部放电信号自动定位功能 （2）可检测间歇性局部放电信号 （3）内置可调工频同步信号 （4）可自动分离多个放电信号	是
上海格鲁布科技有限公司	D74i无线智能局部放电带电检测仪	英国	GIS、开关柜、变压器等	尺寸：147mm×110mm×34mm/0.7kg	（1）传感器平均有效高度：10mm （2）检测灵敏度：0.9mV/m （3）动态范围：－80～－5dBm，75dB （4）稳定性：连续工作4h后，GTEM检测信号幅值的变化不超过±5% （5）便携性：质量0.7kg，可充电锂电池续航8h	（1）支持UHF、HF、AE、AA、TEV多种检测模式 （2）采用智能终端操作，数据实时共享 （3）内置可调工频同步信号 （4）自动识别电网电压频率 （5）具有电缆长度测量和局部放电定位功能	是

续表

企业名称	型号规格	产地	适用设备	外观图片	主要技术参数	产品特点	是否具有型式试验报告
成都恒锐智科数字技术有限公司	HR1300 W-U	成都	GIS、开关柜、变压器等	55cm×35cm×25cm/10kg	（1）传感器平均有效高度：79mm （2）检测灵敏度：7V/m（17dBV/m） （3）动态范围：65dB （4）稳定性：2% （5）便携性：检测器 0.7kg	（1）支持 UHF、HFCT、AE、AA、TEV 多种检测模式 （2）具备移动智能终端 （3）具备数据远传功能 （4）采用无线智能传感器 （5）抗干扰及便携性优	否
上海锐测电子科技有限公司	S10	中国	GIS、变压器套管、敞开式高压设备、高压开关柜	尺寸：18cm×12cm×8cm/0.5kg	（1）传感器平均有效高度：10mm （2）检测灵敏度：4V/m （3）动态范围：40dB （4）稳定性 （5）便携性：质量 0.9kg	（1）采用“智能传感器+智能手机”架构，无连接线，体积小 （2）具备检测任务下载及检测数据无线上传功能，支持 WiFi、蓝牙、4G 等 （3）可选择不同的传感器 （4）检测灵敏度高，刷新速度快 （5）APP 界面友好，操作简便，现场检测效率可提高 4～5 倍	
上海莫克电子技术有限公司	EC40000	上海	GIS、开关柜、变压器等	尺寸：45cm×40cm×30cm/6kg	（1）传感器平均有效高度：＞8mm （2）检测灵敏度：－80dBm （3）动态范围：＞65dB （4）稳定性：＜0.5dB （5）便携性：质量 10kg	（1）多通道 （2）超高灵敏度 （3）多通道快速定位 （4）噪声分离 （5）简单的消噪	是

续表

企业名称	型号规格	产地	适用设备	外观图片	主要技术参数	产品特点	是否具有型式试验报告
上海莫克电子技术有限公司	EC40000PLUS+	上海	GIS、开关柜	尺寸：50cm×30cm×35cm/10kg	（1）功能要求：诊断分析 （2）传感器平均有效高度＞8mm （3）检测灵敏度：－80dBm （4）动态范围：＞65dB （5）局部放电正确识别率：＞95% （6）稳定性：＜0.5dB （7）便携性 （8）采样率：5GS/S （9）自动定位精度：＜15cm	（1）多通道 （2）超高灵敏度 （3）多通道快速定位 （4）噪声分离 （5）简单的消噪	
常州爱特科技股份有限公司	ATJF912BJ	常州	GIS、开关柜、变压器等	尺寸：470mm×380mm×180mm/4.5kg	（1）传感器平均有效高度：12mm （2）检测灵敏度：≤－65dBm （3）动态范围：－90～10dBm	（1）支持手机APP功能 （2）内置可充电锂电池，续航时间8h	是
杭州柯林电气股份有限公司	KLJC—09/12—A	杭州	GIS、开关柜、变压器等	尺寸：600mm×500mm×400mm/5kg	（1）传感器平均有效高度：10.8mm （2）检测灵敏度：－80dBm （3）动态范围：－80～－20dBm （4）稳定性好，数据重复稳定95% （5）便携性：整机质量5kg	采用IEC 61850通信协议，数据可上传到运检生产管理系统	是
杭州国洲电力科技有限公司	GZPD—04	杭州	GIS设备、高压开关柜、电缆和电缆配件	尺寸：105mm×120mm×35mm/0.8kg	（1）传感器传输阻抗：75Ω （2）检测频率：16kHz～20MHz （3）灵敏度：≤5pC （4）线性度：局部放电信号的动态范围为40dB时，检测线性度误差≤5% （5）抗干扰性：对窄带干扰信号的抑制能力≥20dB	（1）手持式8.1英寸1280×800IPS屏 （2）HUB式信号处理 （3）高速4通道同步数据采集 （4）使用红、黄、蓝提示局部放电的严重程度 （5）5V10W锂电池，12h以上	否

续表

企业名称	型号规格	产地	适用设备	外观图片	主要技术参数	产品特点	是否具有型式试验报告
保定天威新域科技发展有限公司	TWPD—510	保定	GIS、开关柜、变压器等	尺寸：178mm×120mm×40mm/0.9kg	（1）传感器平均有效高度：≥12mm （2）检测灵敏度：－80dBm （3）动态范围：>75dB （4）稳定性：<±5% （5）便携性：主机质量<1kg	（1）传感器可无线互联 （2）具有多种无线同步方式（光、电、磁场） （3）具有RFID电子标签识别功能 （4）支持云平台联合诊断 （5）具有档案管理功能	否
保定天威新域科技发展有限公司	TWPD—610	保定	GIS、开关柜、变压器等	尺寸：202mm×142mm×48mm/1.2kg	（1）传感器平均有效高度：≥12mm （2）检测灵敏度：－80dBm （3）动态范围：>75dB （4）稳定性：<±5% （5）便携性：主机质量<1kg	（1）传感器可无线互联 （2）多种无线同步方式（光、电、磁场） （3）具有RFID电子标签识别功能 （4）具备红外测温、温湿度监测功能 （5）内置摄像头，支持二维码识别	无
保定天腾电气有限公司	TEPD—6103	保定	GIS、开关柜、变压器等	尺寸：260mm×200mm×70mm/3kg	（1）检测频带：300MHz～1.5GHz （2）信号传输方式：50Ω同轴电缆 （3）检测灵敏度：1dB，增益：>65dBmV	（1）两通道，显示波形，dBmV值，黄绿红三段警示值，并有三维立体图显示 （2）波形存储并上传U盘计算机	是
北京博电新能电力科技有限公司	PAP—600	北京	GIS、开关柜、变压器等	尺寸：90mm×190mm×45mm/0.9kg	（1）传感器平均有效高度：>8mm （2）检测灵敏度：5.9V/m （3）动态范围：48dB （4）稳定性：±3% （5）便携性：质量0.9kg	（1）手持型仪器具有100M/s采样率 （2）具有超声波（AE）、特高频（UHF）、暂态地电波（TEV）、高频（HFCT）等多种检测模式 （3）具有外部同步、内部同步、无线同步、光同步等多种同步模式 （4）配备后台分析软件与管理软件，数据库统一管理检测数据，回顾历史数据，助力趋势研究	否

续表

企业名称	型号规格	产地	适用设备	外观图片	主要技术参数	产品特点	是否具有型式试验报告
红相股份有限公司	PDT—840	厦门	GIS、变压器、电缆、开关柜等	尺寸：230mm×116mm×42mm/0.9kg	（1）传感器平均有效高度：＞10mm （2）检测灵敏度：－75dBm （3）动态范围：≥65dB （4）稳定性：前后响应值变化率不超过±4% （5）便携性：手持式，0.9kg	（1）特高频模块无线传输功能 （2）RFID 电子标签和二维码扫码功能 （3）可见光拍摄功能 （4）局部放电类型智能诊断功能 （5）PRPS 图谱录波回放功能	是
红相股份有限公司	PDT—840—2	澳大利亚	GIS、变压器、电缆、开关柜等	尺寸：520mm×420mm×220mm/11.9kg	（1）传感器平均有效高度：＞11mm （2）检测灵敏度：－80dBm （3）动态范围：≥70dB （4）稳定性：连续工作 4h，检测信号幅值变化不超过±3% （5）便携性：质量 11.9kg （6）定位采样率：5GS/s	（1）同步信号降噪功能 （2）窄带选频功能 （3）聚类多源分离功能 （4）局部放电类型智能诊断功能 （5）局部放电点精确定位功能	是

二、高频局部放电检测仪器

用途

高频局部放电带电检测仪适用于具备接地引下线的电力设备的局部放电检测，主要包括高压电力电缆及其附件、变压器铁芯及夹件、避雷器、带末屏引下线的容性设备。

执行标准

Q/GDW 1168—2013 《输变电设备状态检修试验规程》

Q/GDW 11304.5— 2015 《电力设备带电检测仪器技术规范　第 5 部分：高频法局部放电带电检测仪技术规范》

相关标准技术性能要求

1. 功能要求

（1）基本功能满足以下要求：

1）具有检测数据实时显示、存储、查询和导出功能。

2）宜具备告警阈值设置和指示功能。

3）若使用充电电池供电，单次连续工作时间一般不少于 4h。

（2）巡检型专项功能满足以下要求：

1）高频电流传感器可直接钳接在电气设备接地引下线或其他地电位连接线上，不应改变电气设备原有的连接方式。

2）具备对局部放电信号幅值、频次、相位等基本特征参量进行检测和显示的功能，可提供局部放电信号幅值及频次变化的趋势图。

3）提供局部放电相位分布图谱（PRPD）或脉冲序列相位分布图谱（PRPS）等用于描述放电特征的图谱信息。

4）图谱数据存储文件格式应满足 Q/GDW 11304.5—2015 附录 A.2.1 的要求，数据格式应满足 Q/GDW 11304.5—2015 表 A.1 的要求。

5）具备模拟信号输出端口，以便通过示波器对经放大、滤波后的脉冲波形进行时域及频域分析。

（3）诊断型专项功能满足以下要求：

1）高频电流传感器可直接钳接在电气设备接地引下线或其他地电位连接线上，不应改变电气设备原有的连接方式。

2）具备对局部放电信号幅值、频次、相位等基本特征参量进行检测和显示的功能，可提供局部放电信号幅值及频次变化的趋势图。

3）提供局部放电相位分布图谱（PRPD）或脉冲序列相位分布图谱（PRPS）等用于描述放电特征的图谱信息。

4）图谱数据存储文件格式应满足 Q/GDW 11304.5—2015 附录 A.2.1 的要求， 数据格式应满足 Q/GDW 11304.5—2015 表 A.1 的要求。

5）具备模拟信号输出端口，以便通过示波器对经放大、滤波后的脉冲波形进行时域及频域分析。

6）具备放电类型识别功能，可判断电力设备中的典型局部放电类型，或给出各类局部放电发生的可能性，诊断结果应当简单明确。

7）具备脉冲识别等功能，能够对信号进行分离分类，提供不同类型信号（电晕放电、内部放电、沿面放电等）的相位图谱、单个脉冲时域波形以及输出口、单个脉冲频域波形以及幅值、相位等特征参数。

2. 传感器传输阻抗

高频电流传感器在 3～30MHz 频段范围内的传输阻抗不应小于 5mV/mA。

3. 检测频率

最大输出对应的频率应位于 3～30MHz 范围内，带宽不应小于 2MHz。

4. 灵敏度

最小可测局部放电量不应大于 50pC。

5. 线性度

局部放电信号的动态范围为 40dB 时，检测线性度误差不应大于 15%。

6. 抗干扰性能

可在 3～30MHz 频段内调整检测频率，对窄带干扰信号的抑制能力不应低于 20dB。

7. 便携性

高频局部放电带电检测仪应携带方便、操作便捷，并适用于单人独立或两人配合开展检测工作。

巡检型仪器主机质量不应超过 3kg。

高频局部放电检测仪器典型产品及主要技术参数

企业名称	型号规格	产地	适用设备	外观图片	主要技术参数	产品特点	是否具有型式试验报告
成都恒锐智科数字技术有限公司	HR1300W—H	成都	电力电缆及其附件、变压器、互感器等容性设备	55cm×35cm×25cm/10kg	（1）传感器传输阻抗：>7.6mV/mA （2）检测频率：1～30MHz （3）灵敏度：不大于2pC （4）线性度：5% （5）抗干扰性：大于20dB	（1）支持UHF、AE、AA、TEV多种检测模式 （2）具备移动智能终端 （3）具备数据远传功能 （4）采用无线智能传感器 （5）抗干扰及便携性优	否
上海莫克电子技术有限公司	EC40000P	上海	电缆，GIS，开关柜	尺寸：21cm×14cm×5cm/1kg	（1）传感器传输阻抗：>5mV/mA （2）检测频率：3～30MHz （3）灵敏度：<10PC （4）线性度：<10% （5）抗干扰性：有效防止50kHz～40MHz的干扰信号	（1）灵敏度都高 （2）抗干扰能力强 （3）快速检测 （4）电池续航能力强 （5）大屏幕显示	
杭州国洲电力科技有限公司	GZPD—04	杭州	GIS设备、高压开关柜、电缆和电缆配件	尺寸：105mm×120mm×35mm/0.8kg	（1）传感器传输阻抗：75Ω （2）检测频率：16kHz～20MHz （3）灵敏度：≤5pC （4）线性度：局部放电信号的动态范围为40dB时，检测线性度误差≤5% （5）抗干扰性：对窄带干扰信号的抑制能力≥20dB	（1）手持式8.1英寸1280×800IPS屏 （2）HUB式信号处理 （3）高速4通道同步数据采集 （4）使用红、黄、蓝提示局部放电的严重程度 （5）5V10W锂电池，12h以上	否
杭州国洲电力科技有限公司	GZPD—234/3	杭州	电缆和电缆配件（如接头和终端）、发电机、发动机、电力变压器和互感器	尺寸：171mm×121mm×56mm/2kg	（1）传感器传输阻抗：>5mV/mA （2）检测频率：16kHz～50MHz （3）灵敏度：≤5pC （4）线性度：局部放电信号的动态范围为40dB时，检测线性度误差≤5% （5）抗干扰性：对窄带干扰信号的抑制能力≥20dB	（1）采样频带150MHz，现场抗干扰能力强 （2）故障缺陷信号分类功能，缺陷识别准确率高 （3）强大的专家系统分析 （4）可用于离线测量、在线测量	否，有中国电科院检测报告

续表

企业名称	型号规格	产地	适用设备	外观图片	主要技术参数	产品特点	是否具有型式试验报告
杭州国洲电力科技有限公司	PDscope	意大利TEC HIMP	电力电缆、变压器、GIS设备	尺寸：171mm×121mm×56mm/1kg	（1）传感器传输阻抗：500hm （2）检测频率：16kHz～30MHz （3）灵敏度：0.1mV （4）线性度：局部放电信号的动态范围为40dB时，检测线性度误差≤5% （5）抗干扰性：波形采集技术无须附加抑噪装置，就可以提供有效的抗干扰能力	（1）TECHIMP最新的局部放电仪 （2）具备最新的自动抑制噪声功能 （3）三相同步采集、三相比对分析的功能 （4）局部放电点定位分析功能	否
杭州国洲电力科技有限公司	FALCON	意大利TEC HIMP	电力电缆线路及电缆终端接头、高压开关柜	尺寸：152mm×101mm×56mm/1kg	（1）传感器传输阻抗：500hm （2）检测频率：16kHz～30MHz （3）灵敏度：0.1mV （4）线性度：局部放电信号的动态范围为40dB时，检测线性度误差≤5% （5）抗干扰性：波形采集技术无须附加抑噪装置，就可以提供有效的抗干扰能力	（1）利用T-F Map专利技术 （2）具有工控计算功能和数据存储功能 （3）超宽带、全频段、高速采集系统 （4）局部放电变化趋势分析、报警功能	否
杭州国洲电力科技有限公司	GZPD—4D	杭州	66kV级以上电力电缆线路及电缆终端中间接头	尺寸：204mm×128mm×64mm/3kg（含电池和无线模块）	（1）传感器传输阻抗：＞5mV/mA （2）检测频率：16kHz～50MHz （3）灵敏度：≤5pC （4）线性度：局部放电信号的动态范围为40dB时，检测线性度误差≤5% （5）抗干扰性：对窄带干扰信号的抑制能力≥20dB	（1）工作7h以上 （2）可完成15km的局部放电检测 （3）数据采集单元模块化配置 （4）传输方式灵活，距离远，稳定可靠 （5）可实现实时定位 （6）可有效识别局部放电信号	否

续表

企业名称	型号规格	产地	适用设备	外观图片	主要技术参数	产品特点	是否具有型式试验报告
保定天威新域科技发展有限公司	TWPD—510	保定	电力电缆及其附件、变压器、互感器等容性设备	尺寸： 178mm×120mm×40mm/0.9kg	（1）传感器传输阻抗：≥15mV/mA （2）检测频率：100kHz～100MHz （3）灵敏度：最小可测局部放电量不大于5pC （4）线性度：＜±5% （5）抗干扰性：在3～30MHz频段内调整检测频率，对窄带干扰信号的抑制能力大于20dB	（1）传感器可无线互联 （2）多种无线同步方式（光、电、磁场） （3）RFID电子标签识别功能 （4）支持云平台联合诊断 （5）档案管理功能	无
保定天威新域科技发展有限公司	TWPD—610	保定	电力电缆及其附件、变压器、互感器等容性设备	尺寸： 202mm×142mm×48mm/1.2kg	（1）传感器传输阻抗：≥15mV/mA （2）检测频率：100kHz～100MHz （3）灵敏度：最小可测局部放电量不大于5pC （4）线性度：＜±5% （5）抗干扰性：在3～30MHz频段内调整检测频率，对窄带干扰信号的抑制能力大于20dB	（1）传感器可无线互联 （2）多种无线同步方式（光、电、磁场） （3）RFID电子标签识别功能 （4）具备红外测温、温湿度监测功能 （5）内置摄像头，支持二维码识别	无
保定天威新域科技发展有限公司	TWPD—2623E	保定	电力电缆及其附件、变压器、互感器等容性设备	尺寸： 226mm×122mm×140mm/2.5kg	（1）传感器传输阻抗：≥15mV/mA （2）检测频率：100kHz～100MHz （3）灵敏度：最小可测局部放电量不大于5pC （4）线性度：＜±5% （5）抗干扰性：在3～30MHz频段内调整检测频率，对窄带干扰信号的抑制能力大于20dB	（1）独立四通道同时显示、分析 （2）具备声电定位功能 （3）RFID电子标签识别，支持云平台互联 （4）125M采样率，高度还原放电脉冲 （5）具备时频、三相幅值分析功能	无

续表

企业名称	型号规格	产地	适用设备	外观图片	主要技术参数	产品特点	是否具有型式试验报告
杭州柯林电气股份有限公司	KLJC—09/12—H	杭州	电力电缆及其附件、变压器、互感器等容性设备	尺寸：600mm×500mm×400mm/5kg	（1）传感器传输阻抗：5～10mV/mA （2）检测频率：100kHz～30MHz （3）灵敏度：不大于5pC （4）线性度误差：15% （5）抗干扰性：40dB	（1）设计了数字滤波器，避免了模拟滤波器的温度偏移误差，提高了高频电流局部放电信号）接收效果 （2）设计了气隙放电、悬浮电位放电、沿面放电三种物理仿真模型，通过大量的标准缺陷样本数据分析，验证了自主研发的援例算法，采用嵌入式专家数据库，实现了局部放电故障模式识别的功能 （3）采用IEC 61850通信协议，数据可上传到运检生产管理系统	是
上海格鲁布科技有限公司	PD61高频局部放电带电检测与定位仪	英国	电力电缆及其附件、变压器、互感器等容性设备	尺寸：400mm×250mm×130mm/4kg	（1）传感器传输阻抗：大于9V/A （2）检测频率：0.5～20MHz （3）灵敏度：最小可测局部放电量小于50pC （4）线性度：局部放电信号的动态范围为40dB时，检测线性度误差小于15% （5）抗干扰性：3～30MHz频段内调整检测频率，对窄带干扰信号的抑制能力大于20dB	（1）诊断技术，局部放电信号自动定位，自动识别放电信号类型 （2）可检测间歇性局部放电信号 （3）脉冲聚类图谱分析，可自动分离多个放电信号 （4）时域滤波技术，可排除现场干扰信号	是
上海格鲁布科技有限公司	D74i无线智能局部放电带电检测仪	英国	电力电缆及其附件、变压器、互感器等容性设备	尺寸：147mm×110mm×34mm/0.7kg	（1）传感器传输阻抗：大于9V/A （2）检测频率：0.5～20MHz （3）灵敏度：最小可测局部放电量小于50pC （4）线性度：局部放电信号的动态范围为40dB时，检测线性度误差小于15% （5）抗干扰性：3～30MHz频段内调整检测频率，对窄带干扰信号的抑制能力大于20dB	（1）支持UHF、HF、AE、AA、TEV多种检测模式 （2）智能终端操作，数据实时共享 （3）内置工频可调同步信号 （4）可自动识别电网频率，丰富的显示图谱 （5）电缆长度测量，局部放电定位	是

续表

企业名称	型号规格	产地	适用设备	外观图片	主要技术参数	产品特点	是否具有型式试验报告
上海欧秒电力监测设备有限公司	OM.R930—D	上海	电力电缆及其附件、变压器、互感器等容性设备		（1）传感器传输阻抗：≥8mv/mA （2）检测频率：2～100MHz （3）灵敏度：5pC （4）线性度：≤±3% （5）抗干扰性：滤波器	（1）具备有线、无线同步功能 （2）传感器结构、尺寸多样，适配电力设备各种结构的接地方式 （3）主机结构紧凑、轻巧，传感器安装、拆卸方便	否
保定天腾电气有限公司	TEPD—6103	保定	电力电缆及其附件、变压器、互感器等容性设备	尺寸：260mm×200mm×70mm/3kg	（1）检测频带：300MHz～1.5GHz （2）信号传输方式：50Ω 同轴电缆 （3）检测灵敏度：1dB，增益：＞65dBmV	（1）对高压电缆，变压器带电测量 （2）两通道，显示波形，dBmV 值，黄绿红三段警示值；并有三维立体图显示 （3）波形存储并上传 U 盘计算机	是
仪埃电力科技（上海）有限公司	CDC	英国	电力电缆及其附件、变压器、互感器等容性设备	尺寸：177mm×119mm×28mm/0.66kg	（1）传感器传输阻抗：5.0V/A（50Ω） （2）检测频率：0～80MHz （3）灵敏度：最小14pC （4）线性度：暂无 （5）抗干扰性：符合EC DIRECTIVE 89/336/EEC 中对 EMC 的要求	（1）体积小 （2）采集和分析可独立地进行 （3）各通道独立放大增益 （4）具有数字滤波功能 （5）操作简单，易用	否
北京博电新能电力科技有限公司	PAP—300	北京	电力电缆（终端、中间接头）、变压器等	尺寸：200mm×70mm×35mm/0.9kg	（1）传感器传输阻抗：传感器在 3～30MHz 频段范围内的传输阻抗 5.1mV/mA （2）检测频率：最大输出对应的频率为4MHz，带宽为 6MHz （3）灵敏度：当输入 100pC、50pC、20pC、10pC 的模拟视在电荷量时，仪器均可检测出 （4）线性度：＜11% （5）抗干扰性：仪器能够将 50kHz～40MHz 频段干扰信号滤除	（1）采用高频电流脉冲法，对电力电缆、电力变压器、进行局部放电检测 （2）图谱全面：PRPD、PRPS 多种同步：内同步、无线同步、外同步 （3）现场使用方便：传感器使用卡钳方式 （4）可配置大口径传感器，在电缆本体取信号	否

续表

企业名称	型号规格	产地	适用设备	外观图片	主要技术参数	产品特点	是否具有型式试验报告
北京博电新能电力科技有限公司	PAP—600	北京	电力电缆（终端、中间接头）、变压器等	尺寸：90mm×190mm×45mm/0.9kg	（1）传感器传输阻抗：5.1mV/mA （2）检测频率：最大输出对应的频率为4MHz，带宽为6MHz （3）灵敏度：当输入100pC、50pC、20pC、10pC的模拟视在电荷量时，仪器均可检测出 （4）线性度：<3% （5）抗干扰性：仪器能够将50kHz～40MHz频段干扰信号滤除	（1）手持型仪器具有100Mbit/s采样率 （2）具有超声波（AE）、特高频（UHF）、暂态地电波（TEV）、高频（HFCT）等多种检测模式 （3）具有外部同步、内部同步、无线同步、光同步等多种同步模式 （4）配备后台分析软件与管理软件，数据库统一管理检测数据，回顾历史数据，助力趋势研究	否
中欧智能电网研究院	i-PDC（检测阻抗）	许昌	主要用于35kV及以下开关柜的带电巡检		（1）传感类型：高压耦合电容 （2）测量量程：0～5000pC （3）测量精度：不大于50pC （4）误差：不超过±2dBmV （5）频带范围：100kHz～10MHz；最大脉冲/周期数：6000/s （6）脉冲计数：脉冲计数误差不大于±10% （7）稳定性：连续工作1h，施加恒定幅值、频率的方波信号，其响应的变化不应大于±20%	（1）整套设备配置由i-PDC智能局部放电采集器、PDC局部放电耦合器单元以及数据管理终端 （2）主要用来检测配电设备部件的内绝缘缺陷、电晕放电、悬浮电位等缺陷 （3）基于电容耦合方式的检测阻抗法局部放电检测原理，检测灵敏度高 （4）具备放电性质甄别功能，检测结果可信度高	是

续表

企业名称	型号规格	产地	适用设备	外观图片	主要技术参数	产品特点	是否具有型式试验报告
中欧智能电网研究院	PDM—100（检测阻抗）	许昌	主要用于35kV及以下开关柜的在线监测		（1）传感类型：高压耦合电容 （2）功能配置：绝缘监测、电压监测 （3）电源电压：85～265V AC，120～380V DC （4）运行温度：−20～+55℃ （5）环境湿度：≤95%RH （6）测量范围：100～5000pC （7）频带范围：100kHz～5MHz （8）监测变量：放电强度、放电频度、平均强度 （9）放电频度：不大于9000（1s） （10）告警输出： 220V AC/3A（额定负载） 30V DC/3A（额定负载） 接点类型：一组转换节点	（1）连续实时的绝缘状态在线监测 （2）符合IEC 60270—2010，支持视在放电量的现场校准 （3）同时具备局部放电测量与带电状态指示的双重功能 （4）RS485通信功能，支持数据上传到云数据平台 （5）LCD液晶可触摸显示屏，更好的人机交互体验	是
红相股份有限公司	PDT—840	厦门	电缆、变压器等	尺寸：230mm×116mm×42mm/0.9kg	（1）传感器传输阻抗：≥9mV/mA（3～30MHz频段范围） （2）检测频率：100kHz～30MHz （3）灵敏度：≤50pC （4）线性度：≤±3% （5）抗干扰性：3～30MHz频段内在各干扰信号情况下均能以不低于2:1的信噪比显示脉冲信号	（1）高频模块无线传输功能 （2）RFID电子标签和二维码扫码功能 （3）可见光拍摄功能 （4）局部放电类型智能诊断功能 （5）PRPS图谱录波回放功能	是

续表

企业名称	型号规格	产地	适用设备	外观图片	主要技术参数	产品特点	是否具有型式试验报告
红相股份有限公司	PDT—832	厦门	电缆、变压器等	尺寸：240mm×180mm×55mm/2.2kg	（1）传感器传输阻抗：≥8mV/mA（3～30MHz 频段范围） （2）检测频率：350kHz～100MHz （3）灵敏度：≤50pC （4）线性度：≤±10% （5）抗干扰性：3～30MHz 频段内在各干扰信号情况下均能以不低于 2:1 的信噪比显示脉冲信号	（1）100MSa/s 高速信号采样率，可获取完整时域波形 （2）信号分离分类功能 （3）实时显示放电时域波形图 （4）软件智能开窗，高效准确滤除干扰信号 （5）兼容网络直连、光纤通信模式	是

三、超声波局部放电检测仪

用途

超声波局部放电检测可分为接触式检测和非接触式检测，接触式超声波检测主要用于检测如 GIS、变压器等设备外壳表面的超声波信号，而非接触式超声波检测可用于检测开关柜、配电线路等设备。

执行标准

Q/GDW 1168—2013 《输变电设备状态检修试验规程》

Q/GDW 11061—2017 《局部放电超声波检测仪技术规范》

相关标准技术性能要求

1. 功能要求

（1）基本功能满足以下要求：

1）具有检测数据实时显示、存储、查询和导出功能。

2）具备告警阈值设置和指示功能。

3）宜具有干扰抑制功能。

（2）巡检型专项功能如下：

1）能够实现局部放电的超声波测量，并显示超声波信号强度。

2）使用充电电池供电，单次连续使用时间不少于 4h。

3）测试数据的存储和导出应包括图片和数据文件方式，并具备测试数据查看和管理功能。

（3）诊断型专项功能如下：

1）能够实现局部放电的超声波测量，并显示超声波信号强度。

2）应具有图谱显示功能，如超声波局部放电特征图谱、超声波局部放电相位图谱和超声波局部放电飞行图谱等。

3）应具有抗外部干扰的能力，如检测信号的硬件滤波和数字滤波等。

4）应具有多通道同步测量功能，通道数宜不少于 4 个，可以对不同通道的测量数据进行比对分析。

5）应具有辅助诊断分析和放电源定位功能。

6）测试数据的存储和导出应包括图片和数据文件方式，并具备测试数据查看和管理功能。

7）应具有参考相位测量功能。

2. 传感器灵敏度

对于接触式超声波传感器（不含前置增益），其峰值灵敏度一般不小于 60dB［V/（m • s^{-1}）］，均值灵敏度一般不小于 40dB［V/（m • s^{-1}）］。注：对于内置增益的超声波传感器，计算灵敏度时应去除增益倍数。

3. 检测灵敏度

检测灵敏度满足以下要求：

（1）对于接触式的局部放电超声波检测仪，可以测到不大于 40dB 的传感器输出信号。

（2）对于非接触式的局部放电超声波检测仪，在距离声源 1m 的条件下，可以测到声压级不大于 35dB 的超声波信号。

4. 检测频带

检测频带满足以下要求：

（1）用于 SF_6 气体绝缘电力设备的超声波检测仪，其峰值频率应在 20～80kHz 范围内。

（2）用于充油电力设备的超声波检测仪，其峰值频率应在 80～200kHz 范围内。

（3）非接触方式的超声波检测仪，其峰值频率应在 20～60kHz 范围内。

5. 动态范围

不应小于 40dB，在动态范围内检测结果应能有效反映局部放电强度的变化。

6. 线性度误差

线性度误差不大于±20%。

7. 通道一致性

对于多通道的局部放电超声波检测仪，其不同检测通道的幅值偏差不大于 10%，时间偏差不大于 20μs。

8. 重复性

局部放电超声波检测仪连续工作 1h，6 次测量结果的相对标准偏差值应不大于±5%。

超声波局部放电检测仪器典型产品及主要技术参数

企业名称	型号规格	产地	适用设备	外观图片	主要技术参数	产品特点	是否具有型式试验报告
成都恒锐智科数字技术有限公司	HR1300W—A	成都	GIS、变压器、电缆附件、开关柜等	55cm×35cm×25cm/10kg	（1）灵敏度：75dB［V/（m·s^{-1}）］ （2）检测频带：20～200kHz （3）线性度误差：5% （4）稳定性：1%	（1）支持 UHF、HFCT、AE、AA、TEV 多种检测模式 （2）具备移动智能终端 （3）具备数据远传功能 （4）采用无线智能传感器 （5）进口高性能差分传感器	否

续表

企业名称	型号规格	产地	适用设备	外观图片	主要技术参数	产品特点	是否具有型式试验报告
上海格鲁布科技有限公司	D74i 无线智能局部放电带电检测仪	英国	GIS、开关柜、变压器、高压电缆	尺寸：147mm×110mm×34mm/0.7kg	（1）灵敏度：接触式60dB[V/(m·s^{-1})]、非接触式 40dB（V/μPa） （2）检测频带：接触式 20～300kHz、非接触式（40±1）kHz （3）线性度误差：小于±20% （4）稳定性：连续工作 1h 后，响应值的变化小于过±20%	（1）支持 UHF、HF、AE、AA、TEV等无线传感器检测，灵活便携 （2）智能手机、智能平板操控，内置可选频段滤波器，通过软件切换 （3）可调内同步频率，适用于串谐耐压试验期间的局部放电检测 （4）检测数据及附件可实时通过微信、邮件等进行分享 （5）仪器软件和固件均支持在线一键升级	是
上海格鲁布科技有限公司	PD90 开关柜局部放电巡检仪	英国	开关柜	尺寸：210mm×90mm×45mm/0.43kg	（1）灵敏度：接触式60dB [V/(m·s^{-1})]、非接触式 40dB（V/μPa） （2）检测频带：20～200kHz （3）线性度误差：小于±20% （4）稳定性：连续工作 1h 后，响应值的变化小于过±20%	（1）具备 RFID 扫码功能 （2）可外接TEV/超声波传感器，配合内置 TEV/超声波传感器，利用双通道实现局部放电的定位 （3）可定制检测流程，实现流程可控带电检测作业 （4）设备检测数据可导入计算机，自动按设备铭牌和检测位置分类保存 （5）整款仪器仅有两个按钮，易于操作	是
保定天腾电气有限公司	TEPD—6103	保定	高压电缆、GIS	尺寸：260mm×200mm×70mm/3kg	（1）测 GIS 超声波传感器：① 传感器中心频率：40kHz；② 测量量程：−60～60dBmV；③ 分辨率：1dB；误差±1dB （2）测变压器超声波传感器：① 中心频率：150kHz；② 测量量程：−60～60dBmV；③ 分辨率：1dB；误差±1dB	两通道，显示波形，dBmV 值，黄绿红三段警示值	是

续表

企业名称	型号规格	产地	适用设备	外观图片	主要技术参数	产品特点	是否具有型式试验报告
上海莫克电子技术有限公司	EC40000P	上海	电缆、GIS、开关柜	尺寸：210mm×140mm×50mm/1kg	（1）灵敏度：峰值灵敏度＞80dB；均值灵敏度＞77dB （2）检测频带：20～300kHz （3）线性度误差：＜11% （4）稳定性：＜5%	检测结果显示具有幅值、相位分布图、连续模式、飞行模式等	是
保定天威新域科技发展有限公司	TWPD—510	保定	变压器、电抗器、GIS开关柜电缆	尺寸：178mm×120mm×40mm/0.9kg	（1）灵敏度：≥70dB［V/（m·s^{-1}）］ （2）检测频带：10～200kHz内分段选择 （3）线性度误差：不大于10% （4）稳定性：不超过±5%	（1）传感器无线互联 （2）多种无线同步方式（光、电、磁场） （3）RFID电子标签识别功能 （4）支持云平台联合诊断 （5）档案管理功能	无
保定天威新域科技发展有限公司	TWPD—610	保定	变压器、电抗器、GIS开关柜电缆	尺寸：202mm×142mm×48mm/1.2kg	（1）灵敏度：≥70dB［V/（m·s^{-1}）］ （2）检测频带：10～200kHz内分段选择 （3）线性度误差：不大于10% （4）稳定性：不超过±5%	（1）传感器无线互联 （2）多种无线同步方式（光、电、磁场） （3）RFID电子标签识别功能 （4）具备红外测温、温湿度监测功能 （5）内置摄像头，支持二维码识别	无
保定天威新域科技发展有限公司	TWPD—2623E	保定	变压器、电抗器、电缆	尺寸：226mm×122mm×140mm/2.5kg	（1）灵敏度：≥70dB［V/（m·s^{-1}）］ （2）检测频带：10～200kHz内分段选择 （3）线性度误差：不大于10% （4）稳定性：不超过±5%	（1）独立四通道同时显示、分析 （2）具备声电定位功能 （3）RFID电子标签识别，支持云平台互联 （4）125MB采样率，高度还原放电脉冲 （5）具备时频、三相幅值分析功能	无

续表

企业名称	型号规格	产地	适用设备	外观图片	主要技术参数	产品特点	是否具有型式试验报告
杭州柯林电气股份有限公司	KLJC—09/12—A	杭州	变压器、GIS、电缆	尺寸：600mm×500mm×400mm/5kg	（1）灵敏度：5pC （2）检测频带：20～300kHz （3）线性度误差：7.8% （4）功能检验：超声波局部放电信号	（1）设计了数字滤波器，避免了模拟滤波器的温度偏移误差，提高了超声波电流局部放电信号接收效果 （2）设计了气隙放电、悬浮电位放电、沿面放电三种物理仿真模型，通过大量的标准缺陷样本数据分析，验证了自主研发的援例算法，采用嵌入式专家数据库，实现了局部放电故障模式识别的功能 （3）对多个超声波信号的时间差精确定位，最终定位局部放电部位。 （4）采用IEC 61850通信协议，数据可上传到运检生产管理系统	
杭州国洲电力科技有限公司	GZPD—04	杭州	GIS设备、高压开关柜、电缆和电缆配件	尺寸：105mm×120mm×35mm/0.8kg	（1）灵敏度：≤5pC （2）检测频带：20～200kHz （3）线性度误差：≤±20% （4）稳定性：超声波检测连续工作1h，注入恒定幅值的脉冲信号时，其响应值的变化≤±20%	（1）手持式8.1英寸1280×800IPS屏 （2）HUB式信号处理 （3）高速4通道同步数据采集 （4）使用红、黄、蓝提示局部放电的严重程度 （5）5V 10W锂电池，12h以上	否

续表

企业名称	型号规格	产地	适用设备	外观图片	主要技术参数	产品特点	是否具有型式试验报告
红相股份有限公司	SUD—300	澳大利亚	110kV以下架空线路、开关柜、环网柜、电缆分支箱	主机：256mm×164mm×65mm/1.5kg 探测器：340mm×83mm×142mm/0.6kg	（1）应用检测技术：非接触式超声波、可视化定位 （2）检测灵敏度：声压级17.1dB（非接触式） （3）测量显示范围：0～35dB （4）检测频带：中心频率范围35～45kHz可选（1kHz分辨率），峰值频率40kHz （5）动态范围：＞40dB （6）线性度误差：＜±7% （7）重复性：＜±2% （8）可视化镜头：具备光学变焦功能	（1）可视化局部放电源定位，带水波纹指示，直观易懂，可实现不依赖于人员经验的高效巡检 （2）有效检测距离达30m （3）支持现场高清拍照、录音保存及回放 （4）配备专业诊断分析软件，结合局部放电严重程度、设备类型、环境等多种因素进行综合诊断 （5）具备移动巡检功能，可在30km/h速度内行驶的车辆上开展巡检作业 （6）具备环境温湿度检测功能，并可选配地理信息定位功能 （7）具有干扰抑制功能，抗干扰能力强，对局部放电产生的超声波频段敏感 （8）便携手持式设计，体积小，重量轻	是
北京博电新能电力科技有限公司	WUD—011	北京	110kV以下架空线路、开关柜、环网柜、电缆分支箱	（探测器：C86×L395mm， 主机：195mm×120mm×95mm/0.9kg	（1）灵敏度：非接触式超声波39dB （2）检测频带：中心频率40kHz （3）线性度误差：＜7% （4）稳定性：±5%	（1）检测效率高，可在速度为30km/h车辆上巡检 （2）具有专家诊断系统，可依据放电严重程度结合环境参数评估设备劣化程度 （3）非接触式检测，有效检测距离30m，安全可靠 （4）抗干扰能力强，可适用于噪声环境，不受外界环境声音影响 （5）灵敏度高，具有很强的方向指向性，结合红外瞄准点，可对缺陷设备进行准确定位	是

续表

企业名称	型号规格	产地	适用设备	外观图片	主要技术参数	产品特点	是否具有型式试验报告
北京博电新能电力科技有限公司	PAP—600	北京	GIS、变压器、电缆终端	 尺寸： 90mm × 190mm × 45mm/0.9kg	（1）灵敏度：均值灵敏度 75dB （2）检测频带：主谐振频率 40kHz （3）线性度误差：＜12% （4）稳定性：±5%	（1）手持型仪器具有 100Mbit/s 采样率 （2）具有超声波（AE）、特高频（UHF）、暂态地电波（TEV）、高频（HFCT）等多种检测模式 （3）具有外部同步、内部同步、无线同步、光同步等多种同步模式 （4）配备后台分析软件与管理软件，数据库统一管理检测数据，回顾历史数据，助力趋势研究	否
中欧智能电网研究院	IAA—002	许昌	主要应用于开关柜和配网线路设备、110kV 及以下开放式变电站设备的带电巡检		（1）传感类型：非接触式超声波 （2）测量范围：0～60dB （3）测量精度：1dB （4）特征参数：放电强度、有效值 （5）测量频率：40kHz （6）工频周期：50Hz 或者 60Hz（可选） （7）连接接口：Mini USB 口、耳机接口 （8）存储温度：−25～60℃ （9）充电器规格：① 输入：AC 100～240V/50Hz；② 输出：DC 8.4V/1000mA （10）电源：锂电池 12.6V，3400mAh （11）续航时间：超过 10h	（1）非接触式检测，有效检测距离达 30m （2）可实现在 30km/h 速度内行驶的车辆上进行车载式巡检作业 （3）检测对象多样化，可准确检测绝缘子、隔离开关、导线、避雷器、变压器、电缆接头等电力设备产生的放电现象 （4）抗干扰性能强 （5）便携式外形设计，电池容量大，方便现场长时间检测作业带电检测，不影响正常运行	是

续表

企业名称	型号规格	产地	适用设备	外观图片	主要技术参数	产品特点	是否具有型式试验报告
红相股份有限公司	PDT—840	厦门	GIS、电缆、开关柜等	尺寸：230mm×116mm×42mm/0.9kg	（1）灵敏度：接触式峰值灵敏度＞70dB [V/（m·s^{-1}）]，均值灵敏度＞60dB [V/（m·s^{-1}）]；非接触式＞40dB（V/μPa） （2）检测频带：接触式20～200kHz，非接触式40±1kHz （3）线性度误差：≤±3% （4）稳定性：前后响应值变化率不超过±2%	（1）超声波模块无线传输功能 （2）RFID电子标签和二维码扫码功能 （3）可见光拍摄功能 （4）局部放电类型智能诊断功能 （5）PRPS图谱录波回放功能	是
青岛华电高压电气有限公司	QH—PDE—C01	青岛	GIS、电力变压器、开关柜	尺寸：200mm×160mm×40mm/不大于3kg	（1）灵敏度：小于10pC （2）检测频带：10～300kHz （3）线性度误差：≤±10% （4）稳定性：≤±5%	（1）抗干扰能力强 （2）定位准确，精度高 （3）具有可不断扩充的故障模式库 （4）设备小巧，便于携带	是
青岛华电高压电气有限公司	QH—PDE—TEV	青岛	开关柜、变压器	尺寸：200mm×160mm×40mm/不大于3kg	（1）频带：3～100MHz （2）线性度：不大于±3% （3）稳定性：不大于±5% （4）灵敏度：≤10pC （5）定位功能：≤±3%	（1）本产品灵敏度极高 （2）拥有完善的分析图谱 （3）精确度高，定位准确 （4）操作使用便捷	是

四、暂态地电压局部放电检测仪

用途

暂态地电压局部放电检测技术是一种检测电力设备内部绝缘缺陷的技术，适用于开关柜、环网柜、电缆分支箱等配电设备内部绝缘缺陷检测。

执行标准

Q/GDW 1168—2013 《输变电设备状态检修试验规程》
Q/GDW 11063—2013 《暂态地电压局部放电检测仪器技术规范》

相关标准技术性能要求

1. 功能要求

（1）基本功能满足以下要求：

1）能够实现暂态地电压局部放电的测量，并显示 TEV 信号强度。

2）具有检测数据实时显示、存储、查询和导出功能。

3）宜具备告警阈值设置和指示功能。

4）宜具有干扰抑制功能。

5）若使用充电电池供电，单次连续工作时间一般不少于 4h。

（2）巡检型专项功能如下：

1）应具有仪器自检功能和数据存储、测试信息管理功能。

2）应具有脉冲计数功能。

3）应具有增益调节功能，并在仪器上直观显示增益大小。

（3）诊断型专项功能如下：

1）应具有仪器自检功能和数据存储、测试信息管理功能。

2）应具有脉冲计数功能。

3）应具有定位功能。

4)应具有局部放电相位分布图谱(PRPD)或脉冲序列相位分布图谱(PRPS)，具有参考相位测量功能。

5）应具有增益调节功能，并在仪器上直观显示增益大小。

6）应具有多通道同步测量功能。

2. 频带测试

频率范围 3～100MHz，且频带宽度不小于 20MHz。

3. 线性度试验

线性度的误差不大于±20%。

4. 稳定性试验

稳定性要求局部放电检测仪连续工作 1h，施加恒定幅值、频率的方波信号，其响应值的变化应不大于±20%。

5. 脉冲计数试验

脉冲计数要求误差应不大于±10%。

6. 定位功能试验

离信号源更近的 TEV 传感器应先被触发。

7. 便携性

暂态地电压局部放电带电检测仪应携带方便、操作便捷，并适用于单人独立或两人配合开展检测工作。

巡检型仪器主机质量不应超过 3kg。

暂态地电压局部放电检测仪器典型产品及主要技术参数

企业名称	型号规格	产地	适用设备	外观图片	主要技术参数	产品特点	是否具有型式试验报告
北京国电迪扬电气设备有限公司	PD200	北京	开关柜、环网柜	尺寸：185mm×70mm×30mm/约 0.3kg	（1）频带：1～300MHz （2）线性:0～60dB （3）稳定性：1dB （4）脉冲计数：665 （5）定位功能：±1dB	（1）直接显示局部放电量的 dB 值，其中，TEV 检测精度为 1dB （2）检测精度高、抗干扰能力强 （3）重量轻、便于携带、使用方便、操作简单	是

续表

企业名称	型号规格	产地	适用设备	外观图片	主要技术参数	产品特点	是否具有型式试验报告
成都恒锐智科数字技术有限公司	HR1300W—S	成都	开关柜、环网柜、电缆分支箱等	55cm×35cm×25cm/10kg	（1）频带：3～100MHz （2）线性度：10% （3）稳定性：5% （4）脉冲计数：1% （5）定位功能：无	（1）支持UHF、HFCT、AE、AA、TEV多种检测模式 （2）具备移动智能终端 （3）具备数据远传功能 （4）采用无线智能传感器	否
上海莫克电子技术有限公司	EC40000P	上海	电缆、GIS、开关柜	尺寸：21cm×14cm×5cm/1kg	（1）频带测试：3～60MHz （2）线性度试验：<11% （3）稳定性试验：<5% （4）脉冲计数试验：<0.5% （5）定位功能试验	（1）灵敏度都高 （2）抗干扰能力强 （3）快速检测 （4）电池续航能力强 （5）大屏幕显示	
上海格鲁布科技有限公司	D74i无线智能局部放电带电检测仪	英国	GIS、开关柜、变压器、高压电缆	尺寸：147mm×110mm×34mm/0.7kg	（1）频带：3～100MHz （2）线性度：误差小于±20% （3）稳定性：连续工作1h，施加恒定幅值、频率的方波信号，其响应值的变化应小于±20% （4）脉冲计数：误差小于±10% （5）定位功能：脉冲先后到达法	（1）支持UHF、HF、AE、AA、TEV等无线传感器检测，灵活便携 （2）智能手机、智能平板操控，内置可选频段滤波器，通过软件切换 （3）可调内同步频率，适用于串谐耐压试验期间的局部放电检测 （4）检测数据及附件可实时通过微信、邮件等进行分享 （5）仪器软件和固件均支持在线一键升级	是

续表

企业名称	型号规格	产地	适用设备	外观图片	主要技术参数	产品特点	是否具有型式试验报告
上海格鲁布科技有限公司	PD90开关柜局部放电巡检仪	英国	开关柜	尺寸：210mm×90mm×45mm/0.43kg	（1）频带：0.5～100MHz （2）线性度：误差小于±20% （3）稳定性：连续工作1h，施加恒定幅值、频率的方波信号，其响应值的变化应小于±20% （4）脉冲计数：误差小于±10% （5）定位功能：脉冲先后到达法	（1）具备RFID扫码功能 （2）可外接TEV/超声波传感器，配合内置TEV/超声波传感器，利用双通道实现局部放电的定位 （3）可定制检测流程，实现流程可控带电检测作业 （4）设备检测数据可导入计算机，自动按设备铭牌和检测位置分类保存 （5）整款仪器仅有两个按钮，易于操作	是
上海莫克电子技术有限公司	EC40000P	上海	电缆、GIS、开关柜	尺寸：210mm×140mm×50mm/1kg	（1）功能检测：幅值，PRPD （2）频带测试：3～60MHz （3）线性度试验：＜11% （4）稳定性试验：＜5% （5）脉冲计数试验：＜0.5%	幅值和图谱同时显示	
保定天腾电气有限公司	TEPD—6103	保定	开关柜	尺寸：260mm×200mm×70mm/3kg	传感器：容性；测量量程：0～60dBmV分辨率：1dB；误差：±1dB；检测频宽：5～70MHz	（1）两通道，显示波形，dBmV值，黄绿红三段警示值；并有三维立体图显示 （2）波形存储并上传U盘计算机	是
保定天威新域科技发展有限公司	TWPD—510	保定	变压器、电抗器、GIS、开关柜、电缆	尺寸：178mm×120mm×40mm/0.9kg	（1）频带：3～80MHz （2）线性度：≤±10% （3）稳定性：≤±10% （4）脉冲计数：脉冲计数误差不大于±5%	（1）传感器无线互联 （2）多种无线同步方式（光、电、磁场） （3）RFID电子标签识别功能 （4）支持云平台联合诊断 （5）档案管理功能	无

续表

企业名称	型号规格	产地	适用设备	外观图片	主要技术参数	产品特点	是否具有型式试验报告
保定天威新域科技发展有限公司	TWPD—610	保定	变压器、电抗器、GIS、开关柜、电缆	尺寸：202mm×142mm×48mm/1.2kg	（1）频带：3～80MHz （2）线性度：≤±10% （3）稳定性：≤±10% （4）脉冲计数：脉冲计数误差≤ ±5%	（1）传感器无线互联 （2）多种无线同步方式（光、电、磁场） （3）RFID 电子标签识别功能 （4）具备红外测温、温湿度监测功能 （5）内置摄像头，支持二维码识别	无
保定天威新域科技发展有限公司	TWPD—2823	保定	开关柜	尺寸：225mm×100mm×40mm/0.5kg	（1）频带：3～80MHz （2）线性度：≤±10% （3）稳定性：≤±10% （4）脉冲计数：脉冲计数误差≤ ±5%	（1）多种无线同步方式（光、电、磁场） （2）RFID 电子标签识别功能 （3）支持云平台联合诊断 （4）具备高频、UHF 扩展接口	无
杭州国洲电力科技有限	GZPD—04	杭州	GIS 设备、高压开关柜、电缆和电缆配件	尺寸：105mm×120mm×35mm/0.8kg	（1）频带测试：3～100MHz （2）线性度试验：≤±20% （3）稳定性试验：连续工作 1h，施加恒定幅值、频率的方波信号，其响应值的变化≤±20% （4）脉冲计数试验：无 （5）定位功能试验：无	（1）手持式8.1英寸 1280×800IPS 屏 （2）HUB 式信号处理 （3）高速 4 通道同步数据采集 （4）使用红、黄、蓝提示局部放电的严重程度 （5）5V10W 锂电池，12h 以上	否
北京博电新能电力科技有限公司	PEV—100	北京	开关柜、环网柜、电缆分支箱	尺寸：200mm×70mm×35mm/0.5kg	（1）频带测试：频带宽 36MHz （2）线性度试验：<17% （3）稳定性试验：响应值变化率 0% （4）脉冲计数试验：脉冲信号频率 500Hz，误差 0.8% （5）定位功能试验：无	（1）集成地电波和超声波双通道检测 （2）可有效检测（3～40.5kV）开关柜内和110kV 及以下的配电线路局部放电 （3）具有高精度、高灵敏度、抗干扰能力强等特点 （4）适用于开关柜、环网柜等设备的快速局部放电检测及日常状态巡检	否

续表

企业名称	型号规格	产地	适用设备	外观图片	主要技术参数	产品特点	是否具有型式试验报告
红相股份有限公司	PDT—840	厦门	开关柜、环网柜、电缆分接箱等	尺寸：230mm×116mm×42mm/0.9kg	（1）频带：3～100MHz （2）线性度：≤±7% （3）稳定性：前后响应值变化率不超过±1% （4）脉冲计数：误差≤±1% （5）定位功能：幅值初步定位	（1）相位内同步、无线外同步、光同步多种同步功能 （2）RFID 电子标签和二维码扫码功能 （3）可见光拍摄功能 （4）局部放电类型智能诊断功能 （5）PRPS 图谱录波回放功能	是
红相股份有限公司	PDT—110	澳大利亚	开关柜、环网柜、电缆分接箱	尺寸：235mm×137mm×236mm/2.73kg	（1）频带：3～100MHz （2）线性度：≤±12% （3）稳定性：前后响应值变化率不超过±11% （4）脉冲计数：误差≤±0.1% （5）定位功能：时差法定位	（1）局部放电信号 PRPD 图谱显示功能 （2）时差定位功能，最小分辨率 2ns （3）内置校准器，可进行设备功能自检验 （4）相位内同步、无线外同步、光同步多种同步功能 （5）增益自适应功能	是

五、电缆振荡波局部放电测量系统

用途

振荡波技术是一种测量和定位电缆局部放电缺陷的技术，适用于额定电压为6～35kV 电缆线路振荡波局部放电的测试。

执行标准

DL/T 1575—2016　6kV～35kV 电缆振荡波局部放电测量系统

DL/T 1576—2016　6kV～35kV 电缆振荡波局部放电测量测试方法

DL/T 1931—2018　6kV～35kV 电缆振荡波局部放电测量系统检定方法

Q/GDW 11838—2018　配电电缆线路试验规程

相关标准技术性能要求

（1）激励电源。

1）直流激励方式，最大试验电压峰值不低于电缆额定相电压的 $2\sqrt{2}$ 倍，输出电压连续可调，最大试验电压下充电电流不小于 8mA。

2）交流激励方式，最大试验电压有效值不低于电缆额定相电压的 2 倍，输出电压连续可调，容量满足被试电缆的测试要求。

3）应具备过压、短路和过载保护等功能。

4）可测电缆电容量范围为 0.08～2μF。

（2）局部放电测量。

1）量程范围：可检测局部放电量范围为 20pC～20nC。测量档位应包括 20nC、10nC、5nC、1nC、500pC、100pC、50pC、20pC。

2）测量误差：在每个测量档位下，测量误差不大于档位量程的±10%。

3）测量频带：局部放电测量频带应符合 GB/T 7354—2003 中 4.3.4 的要求，通频带的上、下限截止频率与标称值的偏差不应超过±10%。

4）测量灵敏度：在屏蔽实验室条件下的局部放电测量灵敏度应优于 20pC。

5）定位频带：局部放电定位频带至少应包含 150kHz～20MHz 范围，通频带的上、下限截止频率与标称值的偏差不应超过±10%。

6）定位精度：局部放电点定位精度应达到测量长度的 1%（测量灵敏度为 3.4m）。

（3）振荡波电压及测量要求。

1）波形要求：频率在 30～500Hz 范围内，波峰呈指数规律衰减，且连续 8 个周期内的幅值衰减不超过最高幅值的 50%。

2）测量误差：电压峰值测量误差应不大于 3%。

（4）校准器。校准器应符合 DL/T 356—2010 中 5.6 的要求，输出电荷量应包含以下档位：20nC、10nC、5nC、1nC、500pC、100pC、50pC、20pC。

（5）补偿电容器。

1）电容量：宜不小于 150nF±5%。

2）局部放电量：最大试验电压下局部放电量不大于 1pC。

（6）软件功能。软件应具有电荷量校准、试验电压控制和测量、局部放电测量及定位功能。

电缆振荡波局部放电测量系统典型产品及主要参数

企业名称	型号规格	产地	适用设备	外观图片	主要技术参数	产品特点	是否具有型式试验报告
上海锐测电子科技有限公司	MV30	瑞士	适用于 10kV 电缆的局部放电定位检测	尺寸：50cm×50cm×80cm/64kg	（1）输出电压：30kVpeak/ 21.2kVrms （2）振荡频率：20～800Hz （3）PD 测量范围：1pC～150nC （4）测试电缆电容范围：10μF@30kV	（1）局部放电定位准确度高 （2）检出局部缺陷的实时性好，灵敏度高，预警能力强 （3）测量结果与绝缘状态的关联度高 （4）可以实现缺陷的电气与空间定位 （5）最长可以测试 10km 电缆	是
北京博电新能电力科技有限公司	PDAC-1000	北京	电力电缆	尺寸：ϕ400mm×H500mm/40kg	（1）输出电压：30kV （2）振荡波频率：20～500Hz （3）PD 测量范围：10pC～150nC （4）测试电缆电容范围：10μF@30kV	（1）电缆局部放电定位精度高 （2）测试、校准过程完全自动化，一键式操作 （3）具有高精度、高灵敏度、抗干扰能力强等特点 （4）测试结果直接反应电缆绝缘状态	否
红相股份有限公司	DOTS-30	澳大利亚	10kV 及以下电力电缆	尺寸：高 54cm×直径 63cm/净重 55kg	（1）最高输出电压：30kVpeak/ 21.2kVrms （2）振荡频率：20～1000Hz （3）PD 测量范围：1pC～100nC （4）局部放电定位带宽：100kHz～50MHz	（1）具备振荡波局部放电测量和定位功能，定位准确度高 （2）实时测试和自动定位，自动和手动分析 （3）可直接测量被测电缆长度和中间接头位置 （4）自动测量电缆电容和介质损耗值	是

续表

企业名称	型号规格	产地	适用设备	外观图片	主要技术参数	产品特点	是否具有型式试验报告
红相股份有限公司	DOTS-60	澳大利亚	35kV 及以下电力电缆	尺寸：高 66cm×直径 57cm/净重 80kg	（1）最高输出电压：60kVpeak/ 42.4kVrms （2）振荡频率：20～1000Hz （3）PD 测量范围：1pC～100nC （4）局部放电定位带宽：100kHz～50MHz	（1）具备振荡波局部放电测量和定位功能，定位准确度高 （2）实时测试和自动定位，自动和手动分析 （3）可直接测量被测电缆长度和中间接头位置 （4）自动测量电缆电容和介质损耗值	是

第二章

电 气 量 检 测

一、相对介质损耗因数及电容量检测仪器

用途

适用于采用电容屏绝缘结构设备，检测相对介质损耗因数及电容量。

执行标准

DL/T 1516—2016 《相对介损及电容测试仪通用技术条件》

Q/GDW 11304.7—2015 《电力设备带电检测仪器技术规范 第 7 部分：电容型设备绝缘带电检测仪技术规范》

相关标准技术性能要求

1. 使用环境条件

测试仪的环境条件应满足以下要求：

（1）环境温度：－25～+40℃。

（2）环境湿度：相对湿度小于 80%。

（参见 DL/T 1516—2016）

2. 工作电源

测试仪的供电电源应满足以下要求：

（1）对于采用交流工频电源供电的测试仪，在以下供电电源条件下应能正常工作：

1）电源电压：220（1±10%）V。

2）电源频率：50（1±2%）Hz。

3）电源波形畸变率：不大于 10%。

（2）对于采用直流电源供电的测试仪，电池持续工作时间应不小于 5h。

（参见 DL/T 1516—2016）

3. 测量范围及误差

（1）电流、电压测量。

测试仪的电流、电压测量范围应满足以下要求：

1）电流测量示值范围至少应包括 1～1000mA，准确度等级不低于 2.0 级。

2）电压测量示值范围至少应包括 0～300V，准确度等级不低于 2.0 级。

（2）电容比值（电容值）、损耗因数测量。

测试仪的电容比值（电容值）、损耗因数差值测量应满足以下要求：

1）电容比值示值范围至少应包括 1×10^{-4}～1×10^{4}，准确度等级不低于 2.0 级。

2）电容值示值范围至少应包括 10～10 000pF，准确度等级不低于 2.0 级。

3）损耗因数差值示值范围至少应包括 –10%～10%，准确度等级不低于 5.0 级。

（参见 DL/T 1516—2016）

产品技术参数分类

企业名称	型号规格	产地	适用设备	适用传感器类型	外观图片	主要技术参数	产品特点	是否具有型式试验报告
保定天腾电气有限公司	TERX—II	保定	容性设备	（1）传统接线盒型传感器 （2）穿心式有源零磁通传感器	尺寸：430mm×340mm×160mm/5kg	（1）电流测量范围及精度（mA）：C_x=1～1000mA；C_n=1～1000mA （2）电压测量范围及精度（V）：V_n=3～300V （3）介质损耗因数测量范围及精度：–200%～200% 读数的±1%+0.000 5 （4）电容量测量范围及精度（pF）：C_x=10pF～0.5μF 读数的±1% （5）电容比值测量范围及精度：1:1000～1000:1 读数的±1% （6）抗谐波干扰性能：输入电流信号的波形畸变不会影响介损测量精度	（1）同时对多相设备进行相对测量或绝对测量 （2）采用无线北斗卫星授时技术，信号同步性，实现实时无线通信测量，数据稳定可靠	是

卡钳式传感器技术参数

企业名称	型号规格	产地	适用设备	外观图片	主要技术参数	产品特点	是否具有型式试验报告
保定天腾电气有限公司	TERX—II	保定	容性设备	尺寸：430mm×340mm×160mm/5kg	（1）电流测量范围及精度（mA）：1～1000mA±（0.5%读数+10μA） （2）电压测量范围及精度（V）：1～300V ±（0.5%读数+1字） （3）开口直径（mm）：60mm （4）工作模式（有源、无源等）：有源	（1）同时对多相设备进行相对测量或绝对测量 （2）采用无线北斗卫星授时技术，信号同步性，实现实时无线通信测量，数据稳定可靠	是

产品技术参数分类

企业名称	型号规格	产地	适用设备	适用传感器类型	外观图片	主要技术参数	产品特点	是否具有型式试验报告
上海思创电器设备有限公司	HV9003H	上海	容性设备	穿芯式传感器、卡钳式传感器	尺寸：320mm×282mm×140mm/4.8kg	（1）电流测量（mA）：0.1～1000mA±（0.5%读数+10μA） （2）电压测量（V）：1～300V±（0.5%+1字） （3）介质损耗因数-200%～+200%最小分辨率0.001%±（1%读数+0.0005） （4）电容量：10pF～0.5μF±（0.5%读数+1pF） （5）电容量比值 C_x：C_n=1:10 000～10 000:1±（0.5%读数+5个字） （6）全电流：100μA～1A （7）阻性电流：10μA～100mA ±（读数×5%+5μA） （8）容性电流测量范围：100μA～500mA （9）容性电流测量精度：±（读数×5%+5μA） （10）相位范围：0°～360° （11）相位精度：±0.1° （12）接地电流：5mA～30A±（1%读数+1mA） （13）频率范围：f=45～65Hz±0.5Hz	（1）具备多种检测功能 （2）具有自校准功能 （3）可测量显示被试设备与参考设备的电容比和相对介损值 （4）适配芯式和卡钳两种传感器 （5）抗干扰能力强	否

卡钳式传感器技术参数

企业名称	型号规格	产地	适用设备	外观图片	主要技术参数	产品特点	是否具有型式试验报告
上海思创电器设备有限公司	HV9003H/CC	上海	与HV9003H匹配使用	尺寸：186mm×129mm×53mm/0.49kg	传感器需应与相对介损及电容量测试仪配对校准后使用 （1）电流测量范围及精度：AC 0～1000mA，±（0.5%读数+10μA） （2）电压测量范围及精度：1～300V，±（0.5%+1字） （3）开口直径：最大 ϕ68mm	（1）开合式钳形传感器，与HV003H相对介质损耗及电容量测试仪组合使用 （2）精度高 （3）抗干扰能力强 （4）测量范围宽 （5）适用范围广	否

产品技术参数分类

企业名称	型号规格	产地	适用设备	适用传感器类型	外观图片	主要技术参数	产品特点	是否具有型式试验报告
杭州柯林电气股份有限公司	KLJC—13	杭州	容性设备	自带两个开合型电流传感器，并兼容零磁通电流传感器信号输入	尺寸：320mm×240mm×140mm/3.5kg	（1）电流测量范围：1～1000mA，精度：0.5% （2）电压测量范围（V）：3～300V，精度：0.5% （3）介质损耗因数测量范围：-1.0～+1.0，精度：0.5%±0.05% （4）电容量测量范围：1～1 000 000pF，精度：0.5% （5）电容量比值测量范围：0.1～10，精度：0.5%	（1）固定式与便携式两种传感器输入模式，可校准现场容性电流取样单元 （2）现场带电测量时，开合式互感器结构不需要断开地线，操作十分简便 （3）可用电流做参考，也可用TV二次电压做参考 （4）具有抗干自校准功能 （5）仪器采用电池供电，配热敏打印机，集成无线蓝牙通信功能	

卡钳式传感器技术参数

企业名称	型号规格	产地	适用设备	外观图片	主要技术参数	产品特点	是否具有型式试验报告
杭州柯林电气股份有限公司	KLDJ—13	日本 KYORITSY	容性设备	尺寸：115mm×60mm×30mm/0.6kg	（1）电流测量范围及精度：1~1000mA， 0.5% （2）开口直径：45mm （3）工作模式：可开合的钳形电流传感器，匹配有坡莫合金屏蔽盒	（1）开合型高精度钳形电流传感器，不需要断开地线，操作方便 （2）钳形电流传感器带有磁场屏蔽盒，配合仪器校准功能	

二、泄漏电流检测仪器

用途

适用于金属氧化物避雷器，检测泄漏电流项目。

执行标准

DL/T 987—2017 《氧化锌避雷器阻性电流测试仪通用技术条件》

相关标准技术性能要求

1. 环境条件

环境适应能力要求如下：

1）环境温度：－10～+50℃。

2）环境相对湿度：0～80%。

3）大气压力：80～110kPa。

（DL/T 987—2017）

2. 电源

电源要求如下：

可充电电池供电，充满电单次供电时间不低于 4h。

（参见 DL/T 987—2017）

3. 测量范围及误差

仪器性能指标应满足：

参考电压：20～100V。

全电流：1μA～50mA。

阻性电流：1μA～10mA。

容性电流：1μA～10mA。

相位角：0°～90°。

产品技术参数分类

企业名称	型号规格	产地	适用设备	外观图片	主要技术参数	产品特点	是否具有型式试验报告
保定天腾电气有限公司	TEYB—Z10B	保定	避雷器	尺寸：320mm×270mm×140mm/4kg	（1）全电流测量范围：0～10mA 精度：±（读数×1%+5μA） （2）容性电流测量范围及精度（μA）：100μA～650mA（峰值） （3）阻性电流测量范围及精度（μA）：10μA～100mA（峰值） （4）电流谐波测量准确度：±（读数×10%+10μA） （5）参考电压测量范围及精度（V）：0～300V，读数的±1% （6）参考电压通道输入阻抗（kΩ）：50kΩ （7）电流测量输入阻抗（Ω）：50kΩ （8）参考电压角度测量范围及精度（°）：0.001°	（1）既可测量氧化锌避雷器的阻性电流也可以检测监测器的性能 （2）可从容性设备末屏取电压参考信号	是

续表

企业名称	型号规格	产地	适用设备	外观图片	主要技术参数	产品特点	是否具有型式试验报告
北京国电迪扬电气设备有限公司	LCM500	挪威	避雷器	尺寸：470mm×357mm×176mm / 8.8kg	（1）全电流范围及精度：200A～9mA/1A （2）容性电流测量范围及精度：200A～9mA/1A （3）阻性电流测量范围及精度：1A～5mA/1μA （4）电流谐波测量准确度：0.1% （5）参考电压测量范围及精度（V）：无 （6）参考电压通道输入阻抗（kΩ）：无 （7）参考电压角度测量范围及精度（°）：无	（1）带补偿的三次谐波法测量 （2）温度电压自动补偿 （3）无线式电流钳和场探头 （4）抗干扰能力强，适用于高电压等级避雷器 （5）自校准	
上海思创电器设备有限公司	RCM2500	上海	避雷器	尺寸：320mm×282mm×140mm/3.9kg	（1）全电流范围及精度（μA）0～20mA，40～70Hz±（读数×5%+5μA） （2）容性电流测量0～20mA±（读数×5%+5μA） （3）阻性电流测量0～20mA±（读数×5%+5μA） （4）电流谐波测量准确度±（读数×10%+10μA） （5）参考电压（V）1～250V，总谐波含量＜30%，40～70Hz±（读数×5%+0.5V） （6）参考电压通道输入阻抗（kΩ）≥1MΩ （7）参考电压角度：（0°～360°）±0.5°	（1）适用范围广 （2）可测量全电流、阻性电流（峰值）、容性电流（峰值）、有功功率和试验电压 （3）自动补偿相间干扰 （4）支持三相、单相 TV 二次侧电压 （5）可采用电场强度感应板法	否

续表

企业名称	型号规格	产地	适用设备	外观图片	主要技术参数	产品特点	是否具有型式试验报告
青岛华电高压电气有限公司	QH—PDE—DYZ	青岛	避雷器	尺寸：360mm×260mm×140mm /5kg；配件箱420mm×330mm×200mm /9.5kg	（1）全电流测量范围及精度（μA）：0～10mA （2）容性电流测量范围及精度（μA）：0～10mA （3）阻性电流测量范围及精度（μA）：0～10mA （4）电流谐波测量准确度：全电流大于100μA 时±2%读数±1 个字 （5）参考电压测量范围及精度（V）：10～200V （6）参考电压通道输入阻抗（kΩ）：0°～360° （7）电流测量输入阻抗（Ω）：1MΩ （8）参考电压角度测量范围及精度（°）：≤（1.0%+10V）	（1）支持多种电压的取样 （2）适用多场所的测试 （3）超远距离无线传输	是

三、接地电流检测仪器

用途

适用于变压器（电抗器）或单芯高压电缆线路，检测铁芯接地电流或金属外护套接地电流。

执行标准

DL/T 1433—2015 《变压器铁芯接地电流测量装置通用技术条件》

Q/GDW 1894—2013 《变压器铁芯接地电流在线监测装置技术规范》

相关标准技术性能要求

1. 使用环境条件

仪器的环境条件应满足以下要求：

（1）环境温度：−40～+65℃（参见 DL/T 1433—2015）。

（2）环境相对湿度<90%（参见 DL/T 1433—2015）。

（3）大气压力：80～110kPa（参见 Q/GDW 1894—2013）。

2. 电源

交流工频电源供电的装置，在以下供电电源条件下应能正常工作（参见 DL/T 1433—2015）：

（1）电源电压：220V（1±10%）。

（2）电源频率：50Hz（1±2%）。

（3）总谐波畸变率：≤10%。

3. 测量范围及精度

仪器的测量功能应满足（参见 DL/T 1433—2015）：

（1）测量范围：1mA～10A。

（2）示值最大允许误差的绝对值不超过（5%读数+1mA）。

（3）分辨力优于 1mA。

产品技术参数分类

企业名称	型号规格	产地	适用设备	外观图片	主要技术参数	产品特点	是否具有型式试验报告
上海思创电器设备有限公司	TC30A	上海	变压器	尺寸：402mm×333mm×73mm/3.5kg	（1）电流测量范围（mA）/（A）1mA～30A 最小分辨率：0.01mA （2）电流测量精度±（1%读数+1mA）	（1）现场抗干扰 （2）进口钳形电流测试夹 （3）体积小便于携带 （4）测量电流范围宽 （5）重复性好	否

续表

企业名称	型号规格	产地	适用设备	外观图片	主要技术参数	产品特点	是否具有型式试验报告
保定天腾电气有限公司	TETA—10	保定	变压器、电抗器等电气设备的铁心与夹件	尺寸：203mm×112mm×38mm/0.5kg	（1）电流测量范围（mA或者A）：0～10A （2）电流测量精度：±1%（读数+2字）	（1）采用钳形电流互感器，方便现场操作 （2）超限报警功能 （3）内置可充电锂电池	是
杭州国洲电力科技有限公司	GZTX—10	杭州	变压器铁心、夹件接地电流	尺寸：180mm×110mm×100mm/1.250kg（含电池）	（1）电流量程：0～100A （2）准确度： 磁场干扰 B 5GS时±1%±3 个字 磁场干扰 B10GS时±1%±3 个字 磁场干扰 B15GS时±2%±3 个字 磁场干扰 B 20GS时±2%±3 个字 （3）最小分辨率：0.1mA	（1）快速测量，读数准确 （2）可连续工作10h以上 （3）中文图形界面，操作直观 （4）抗干扰能力极强，数据可靠	否
青岛华电高压电气有限公司	QH—PDE—TCR	青岛	变压器	尺寸：198mm×100mm×45mm /450g	（1）电流测量范围（mA或者A）：0mA～1000A （2）电流测量精度：±（1%读数+2字）	（1）抗干扰能力强 （2）使用先进的数学算法 （3）操作方便 （4）拥有泄漏电流超限报警系统	是

第三章

光 学 成 像 检 测

一、红外热像仪

用途

适用于输变电设备导电回路接触不良、线路过负荷运行等电流致热型设备异常发热检测，避雷器、互感器、套管等绝缘部位因受潮、老化、放电等引起的异常发热检测，以及充油设备缺油、机械部件磨损等温度异常检测。

执行标准

DL/T 664—2016 《带电设备红外诊断应用规范》

GB/T 19870—2005 《工业检测型红外热像仪》

相关标准技术性能要求

1. 探测器类型

非制冷焦平面探测器，典型有 80×60、160×120、320×240（384×288）、640×480 像素等非制冷探测器。

2. 镜头视场角

采用标准镜头时，视场宜为 25°×19°（±2%）；可选配标准镜头 X 倍的中、长焦或广角镜头。

3. 工作波段

波长范围：长波，7.5～14μm。

4. 图像帧速率

图像帧速率不低于 25Hz。

5. 热灵敏度（NETD）

30℃时，不大于 0.1K。

6. 空间分辨力

可根据被测物体的尺寸和距离选取。对远距离观测可选择 0.3～0.7mrad，对近距离大目标可选择 1.3～2.5mrad。

7. 测温范围

–20～+500℃可分量程段。

8. 准确度

测温准确度应不超过±2℃或测量值的±2%（℃）（取绝对值大者）。

9. 测温一致性

50℃时，不大于±1K。

10. 发射率

0.1～1.0 可调，以 0.01 为步长。

11. 测温方式

手动/自动，能设置数个可移动点，设置线，显示线上最高温、最低温，设置区域（矩形、圆），在区域内能设置最高温、最低温、等温线等。

12. 连续稳定工作时间

在满足准确度的前提下，红外热像仪连续稳定工作的时间不小于 2h。

13. 环境温度影响

当红外热像仪所处的环境温度在其工作环境温度范围内变化时，测量值变化应不大于 2℃或 20℃时测量值的绝对值乘以 2%（℃）（两者取大值）。

14. 大气穿透率校正

根据输入的距离、大气温度和相对湿度校正测试温度。

产 品 技 术 参 数

企业名称	型号规格	产地	适用设备	外观图片	主要技术参数	产品特点	是否具有型式试验报告
上海热像机电科技股份有限公司	Fotric 358	上海	电压制热型设备、电流制热型设备、综合制热型设备	尺寸：215mm×144mm×90mm/1.446kg	（1）像素：640×480 （2）视场角：25°×19°，可选配 7°/12°/46° （3）图像帧速率：60Hz （4）热灵敏度：<0.025℃（+30℃） （5）空间分辨力：0.68mrad （6）测温范围：–40～+700℃	专家便携式诊断型热像仪	否

续表

企业名称	型号规格	产地	适用设备	外观图片	主要技术参数	产品特点	是否具有型式试验报告
上海热像机电科技股份有限公司	Fotric 356	上海	电压制热型设备、电流制热型设备、综合制热型设备	尺寸：215mm×144mm×90mm/1.446kg	（1）像素：384×288 （2）视场角：25°×19°，可选配 7°/12°/46° （3）图像帧速率：60Hz （4）热灵敏度：＜0.025℃（+30℃） （5）空间分辨力：1.14mrad （6）测温范围：−40～+700℃	专家便携式热像仪	否
上海热像机电科技股份有限公司	Fotric 358X	上海	电压制热型设备、电流制热型设备、综合制热型设备	尺寸：215mm×144mm×90mm/1.446kg	（1）像素：640×480 （2）视场角:25°×19°，可选配 7°/12°/46° （3）图像帧速率：60Hz （4）热灵敏度：＜0.025℃（+30℃） （5）空间分辨力：0.68mrad （6）测温范围：−40～+700℃	专家便携式诊断型云热像	否
上海热像科技股份有限公司	Fotric338	上海	电压制热型设备、电流制热型设备、综合制热型设备	尺寸：312.8mm×123.3mm×139.2mm/1kg	（1）像素：640×480 （2）视场角：25°×19°，可选配 7°/12°/46° （3）图像帧速率：60Hz （4）热灵敏度：＜0.03℃（+30℃） （5）空间分辨率：0.68mrad （6）测温范围：−20～+120℃，0～+700℃，200～+1200℃	电力手持热像仪	否
上海热像科技股份有限公司	Fotric336	上海	电压制热型设备、电流制热型设备、综合制热型设备	尺寸：312.8mm×123.3mm×139.2mm/1kg	（1）像素：384×288 （2）视场角:25°×19°，可选配 7°/12°/46° （3）图像帧速率：60Hz （4）热灵敏度：＜0.03℃（+30℃） （5）空间分辨率：1.14mrad （6）测温范围：−20～+120℃，0～+700℃	电力手持热像仪	否

续表

企业名称	型号规格	产地	适用设备	外观图片	主要技术参数	产品特点	是否具有型式试验报告
广州科易光电技术有限公司	KC320	广州	易发热设备及连接处	尺寸：262mm×97mm×119mm /0.66kg	（1）像素：320×240 （2）视场角：24°×18° （3）图像帧速率：50Hz （4）热灵敏度：0.05℃（+30℃时） （5）空间分辨力：1.3mrad （6）测温范围：－20～+350℃	（1）采用320×240像素非制冷探测器 （2）3.5寸高亮液晶屏 （3）大于4h续航时间	否
广州科易光电技术有限公司	KC640	广州	易发热设备及连接处	尺寸：262mm×97mm×119mm /0.66kg	（1）像素：640×480 （2）视场角：24°×18° （3）图像帧速率：50Hz （4）热灵敏度：0.05℃（+30℃时） （5）空间分辨力：0.65mrad （6）测温范围：－20～+350℃	（1）采用640×480像素非制冷探测器 （2）3.5寸高亮液晶屏 （3）大于4h续航时间	否
广州科易光电技术有限公司	KC700	广州	易发热设备及连接处	尺寸：200mm×132mm×120mm/1.5kg	（1）像素：320×240 （2）视场角：24°×18° （3）图像帧速率：50Hz （4）热灵敏度：0.05℃（+30℃时） （5）空间分辨力：1.09mrad （6）测温范围：－20～+350℃	（1）采用320×240像素非制冷探测器 （2）5寸高亮液晶屏 （3）具备完善的分析功能	是
广州科易光电技术有限公司	KC800	广州	易发热设备及连接处	尺寸：214mm×145mm×136mm/1.8kg	（1）像素：640×480 （2）视场角：24°×18° （3）图像帧速率：50Hz （4）热灵敏度：0.05℃（+30℃时） （5）空间分辨力：0.65mrad （6）测温范围：－20～+350℃	（1）采用640×480像素非制冷探测器 （2）5寸高亮液晶屏 （3）具备完善的分析功能	是

续表

企业名称	型号规格	产地	适用设备	外观图片	主要技术参数	产品特点	是否具有型式试验报告
浙江红相科技股份有限公司	TI600S	浙江	输电设备和变电设备	尺寸：215mm×145mm×135mm/≤1.6kg（含电池和标准镜头）	（1）像素：640×480 （2）视场角：24°×18° （3）图像帧速率：50Hz （4）热灵敏度：0.04℃（+30℃时） （5）空间分辨力：0.65mrad （6）测温范围：－40～+60℃	（1）可见光和红外图像多种显示方式 （2）可导入设备台账，自动命名图片 （3）多种测温模式：高低温自动跟踪、线测温、等温分析、区域测温 （4）可旋转触摸显示屏，蓝牙、数据WiFi传输	是
上海莫克电子技术有限公司	MK384	上海	电缆、GIS、开关柜、变压器、线路	尺寸：21cm×14cm×9cm/1.5kg	（1）像素：384×288 （2）帧频：60 （3）视场25°×19°可加配46°、12°和8°镜头 （4）NETD：<0.04℃（+30℃时） （5）温度范围：－20～+650℃ （6）准确度：±2℃或读数±2% （7）一致性：1% （8）波段：7.5～13μm （9）探测器类型焦平面阵列FPA，非制冷微热量 （10）电源特性：锂电	（1）热像探测器像素高达384×288 （2）手自一体对焦 （3）多点触控，OLED显示屏 （4）像、可见光、双视融合画中画 （5）WiFi，蓝牙，数据管理	否
红相股份有限公司	IRI—100B1	厦门	各电压等级的电气设备	尺寸：128mm×62mm×154mm/0.45kg	（1）像素：160×120 （2）视场角：21°×16°，可选配10°/42° （3）图像帧速率：50Hz （4）热灵敏度：<0.05℃（+30℃时） （5）空间分辨力：2.3mrad （6）测温范围：－20～+250℃可扩展至1200℃	（1）电动、自动调焦 （2）体积小，重量轻，仅0.45kg	是

续表

企业名称	型号规格	产地	适用设备	外观图片	主要技术参数	产品特点	是否具有型式试验报告
红相股份有限公司	IRI—100C1	厦门	各电压等级的电气设备	尺寸：198mm×118mm×128mm/1.3kg	（1）像素：384×288 （2）视场角：24°×18°，可选配 6°/14°/45° （3）图像帧速率：50Hz （4）热灵敏度：<0.05℃（+30℃时） （5）空间分辨力：1.35mrad （6）测温范围：−40～+600℃，可扩展至 1200℃	（1）具有液晶显示屏和取景器双显示器 （2）可手动、电动、自动调焦	是
红相股份有限公司	IRI—100C2	厦门	各电压等级的电气设备	尺寸：198mm×118mm×128mm/1.3kg	（1）像素：640×480 （2）视场角：24°×18°，可选配 6.2°/12°/45° （3）图像帧速率：50Hz （4）热灵敏度：<0.05℃（+30℃时） （5）空间分辨力：0.66mrad （6）测温范围：−40～+600℃，可扩展至 1200℃	（1）具有液晶显示屏和取景器双显示器 （2）可手动、电动、自动调焦	是
青岛华电高压电气有限公司	FLIR T660	美国	变压器、GIS、开关柜等高压电气设备	尺寸：143mm×195mm×95mm/1.3kg	（1）像素：500 万 （2）视场角：15°×11° （3）图像帧速率：30Hz （4）热灵敏度：+30℃时<20m·K （5）空间分辨力：0.41mrad （6）测温范围：−40～+650℃	（1）手持式设计 （2）成像质量出色 （3）精确度高 （4）特性丰富	是

二、紫外成像检测仪

用途

适用于带电设备外部电晕放电状态检测和故障诊断，主要包括输变电设备导电体和绝缘体表面以及发电机线棒等由于各种原因引起的电晕放电检测。

执行标准

DL/T 345—2010 《带电设备紫外诊断技术应用导则》
DL/T 393—2010 《输变电设备状态检修试验规程》

相关标准技术性能要求

（1）成像通道：双通道，可见光+UV，可合成一个视频图像。
（2）视场角：5°×3.75°（6.4°×4.8°）或 10°×3.75°或 24°×18°。
（3）显示分辨率：像素 640×480 及以上。
（4）帧频：25 帧/s 及以上。
（5）最小紫外光灵敏度：3×10^{-18}watt/cm²。
（6）光谱范围：（0.250～0.280）μm。
（7）其他性能：
1）采用全日盲滤镜技术，白天检测完全不受日光影响。
2）防晕检测系统具备可见光与紫外光双通道光学结构，可以完成紫外光子计数功能，具备三种方框紫外光子计数模式，具备增益调节功能增强灵敏度。
3）紫外光通道与可将光通道完全同步一致，没有任何延迟，也不会有任何拖尾，可准确定位电晕位置。

产 品 技 术 参 数

企业名称	型号规格	产地	适用设备	外观图片	主要技术参数	产品特点	是否具有型式试验报告
北京国电迪扬电气设备有限公司	DC100	北京	所有设备	 尺寸： 238mm × 165mm × 91mm/2.5kg	（1）像素：640 × 480像素，彩色 （2）视场角：5.5° × 4.0° （3）图像帧速率：25 倍光学 × 12 倍数字，1s 内 （4）最小紫外光灵敏度：2.2×10^{-18} watt/cm^2	（1）高灵敏度 2.2×10^{-18}watt/ cm^2 （2）电晕、电弧探测和抗干扰能力强 （3）准确的紫外光子计数与电晕缺陷精确定位 （4）内置 GPS，可选温湿度传感器 （5）强大的数字、光学放大功能	
浙江红相科技股份有限公司	TD90	浙江	高压输、变电设备	 尺寸： 238mm × 165mm × 91mm/2.5kg	（1）像素：640 × 480 （2）视场角：5.5 × 4.0 （3）图像帧速率 50Hz （4）最小紫外光灵敏度： 2.2×10^{-18} watt/cm^2	（1）5.7 寸触摸屏 （2）图像可实时冻结，三种紫外颜色可选 （3）可通过 SD 卡对固件进行升级	
上海日夜光电技术有限公司	紫外成像仪	以色列	适用于变电站和线路所有带电设备	 尺寸： 29cm × 13.6cm × 8.5cm/1.39kg	（1）紫外光灵敏度：3×10^{-18} watt/ cm^2 （2）电晕放电灵敏度≤1.3pC，检测距离≥8m （3）滤镜性能 250～280nm 窄波段，必须100%滤掉太阳光 （4）视场角度（$H \times V$）6.4° × 4.8° （5）像素：800 × 430	全日盲紫外成像仪适用于变电站和输电线路电晕及电弧放电检测，可远距离、高效率、安全、可靠地确定电晕放电和表面局部放电的来源	是
红相股份有限公司	UVI—100（紫外原理）	厦门	各电压等级的电气设备	 尺寸： 238mm × 165mm × 91mm/ 2.5kg	（1）像素：752 × 582 （2）视场角：5.5° × 4.0° （3）图像帧速率：50Hz （4）最小紫外光灵敏度：3×10^{-18}watt/cm^2	（1）日盲型 （2）内置紫外光子计数器 （3）具有积分和增益放大	是

三、X 射线检测仪

用途

适用于 GIS、电缆等设备进行金属部件或绝缘部件内部气隙、裂纹或异物检测，以及现场对电气设备安装质量等进行检查。

执行标准

JB/T 7412 《固定式（移动式）工业 X 射线探伤机》
ZBN 70001 《试验机与无损检测仪器型号编制方法》
JB/T 7808 《工业 X 射线探伤机主参数系列》
JB/T 9402 《工业 X 射线探伤机性能测试方法》
JJG 40 《X 射线机检定规程》
GB 7704—2008—T 《无损检测 X 射线应力测定方法》

相关标准技术性能要求

1. 使用条件

X 射线机按照额定工作规程，应在下列条件下正常工作：

（1）海拔不超过 1000m。

（2）环境温度为–10～+40℃。

（3）空气相对湿度不大于 85%。

（4）电源为 50Hz 交流电。当负载从零增加到最大值时，电源电压的变化不大于 10%。

2. 使用性能

（1）射线机（定向、工频、如双焦点按大焦点试验）的穿透力应不低于

表 3–1 的规定。

表 3–1　　X 射线机穿透能力

额定管电压（kV）	额定管电流（mA）	穿透力（mm，A3 钢）
（150）	20	24
200	20	48
250	10	55
	15	55
（300）	10	71
400	10	97

注　额定管电压栏中不带括弧的数字为优先数系列，带括弧的数字为老产品保留数。

（2）透照灵敏度≥1.8%（对 A3 钢）。

（3）X 射线辐射角不小于其 X 射线管规定的辐射角，X 射线机在 X 射线的辐射范围内，其辐射场不允许有缺圆。

（4）计时器计时误差应不超过所测点值的±5%。

（5）管电压误差应不超过所测点的±7%。

（6）必须装有管电压调节装置。起始管电压应不大于额定管电压的 60%。

（7）必须装有过电压保护装置，其整定值应超过额定管电压（5～10）kV。

（8）必须装有过电流保护装置，其整定值应超过额定管电流（1～3）mA。

（9）必须装有温度保护装置，其整定值为 60℃±5℃。

（10）必须装有失毫安保护装置。当管电流小于 2mA 时，高压应断开。

（11）X 射线机按照额定工作规程连续工作 10 次，应无异常现象。

3. 卫生和安全要求

（1）清洁度：X 射线机的管头内杂质不大于 80mg，控制器中杂质不大于 100mg。

（2）X 射线机的漏射线照射量率必须符合表 3–2 的规定。

表 3–2　　X 射线机的漏射线照射量率

额定管电压（kV）	照射量率［C/（kg·s）］
≤200	＜1.79×10^{8}
＞200	＜3.58×10^{8}

（3）低压回路绝缘性能必须符合以下的规定：

1）绝缘电阻应不小于 2MΩ。

2）绝缘强度必须符合表 3－3 的规定，并无异常现象。

表 3－3　　低压回路绝缘强度

回路电压（V）	试验电压（V）	耐压时间（min）
220＜U≤380	1500	1
100＜U≤220	1000	1
U≤100	500	1

（4）高压回路绝缘强度必须符合表 3－4 的规定，并无异常现象。

表 3－4　　高压回路绝缘强度

管电压（kV）	管电压升至额定管电压倍数	耐压时间（min）
≥200	1.05	1
＜200	1.10	1

（5）高压变压器次级对地绝缘强度应符合 4.4 条的规定，初级对地绝缘电阻应不小于 5MΩ，初极对地绝缘强度应符合本标准 4.3 条的规定。

（6）灯丝变压器初、次级对地绝缘电阻应大于 5MΩ，初级对地绝缘强度耐 1000V、50Hz 交流电压，保持 1min 应无异常现象。

（7）必须装有保护接地装置，接地电阻应不大于 0.5Ω。

（8）各密封部件其密封性能应保持良好，无渗漏现象。

（9）管头应无渗漏现象。

（10）冷却管路应无渗漏现象。

（11）X 射线管在管头内应固定可靠，并有一定的抗震能力。

（12）管头组装体应能在任何需要的位置上锁紧。

（13）控制器必须装有能开闭电源及高压回路的开关。

（14）控制器必须装有能够在规定范围内可调整 X 射线管电压和管电流的装置。

（15）X 射线管头支撑装置必须能够支撑 X 射线管头，并能向所需方向发射 X 射线。

（16）X 射线管头支撑装置必须具备 3 个自由度活动灵敏的小车并具备刹车装置。

（17）X 射线机电缆接头和插头部分应设计合理，便于连接和拆卸，并带有保护盖。

4. 外观要求

（1）表面镀层应坚固，无脱落现象。

（2）零件加工表面不应有碰伤和划伤。

（3）非加工和易锈表面应有防锈措施。

（4）机壳面漆应牢固并且美观大方。

（5）每台 X 射线机应在明显的适当位置固定铭牌（标志），其基本内容包括：制造厂名及商标、产品名称、产品型号规格、制造日期（或编号）或生产批号、产品的主要技术参数。

企业名称	型号规格	产地	适用设备	外观图片	主要技术参数	产品特点	是否具有型式试验报告
四川赛康智能科技股份有限公司	DRSmart-SC-TL	成都	输电耐张线夹等		（1）射线机 射线能量：270kVp，无须预热 透照厚度：12.5～25.4mm X 射线辐射角：40°/85° 管电压误差：±1% 焦点尺寸：3mm 脉冲（射线源配有两块可充电电池） 续航能力：电池供电可确保一整天的检测任务 单电池使用时长：8h 穿透力：25mmFe （2）成像板 像素尺寸：154μm 像素阵列：2816×2304pixels 图像分辨率：3.3lp/mm 有效成像区域：434mm×355mm 帧频：0.5fps 读出时间：2～4s 最大线性曝光量：≥80μGy 尺寸：477.4mm×453.6mm×18.4mm A/D：16bit 控制模式；无线控制 重量：4kg （3）工装折叠后尺寸：690mm×590mm×322mm	（1）辐射范围小 （2）无须预热 （3）续航时间长 （4）小巧便携	是

续表

企业名称	型号规格	产地	适用设备	外观图片	主要技术参数	产品特点	是否具有型式试验报告
四川赛康智能科技股份有限公司	DRSmart-SC-GIS	成都	变电GIS等电力主设备		（1）射线机 透照厚度：65mm X射线辐射角：40°×60° 焦点大小 EN 12543：3.0或1.0mm 管电压范围：50～300kV 管电流范围：0.5～4.5mA 管电压误差：±1% 续航能力：外接电源 最大X射线功率：900W 工作温度范围：-20～+50°C 连续曝光能力35度时，最大kV及对应最大mA时：至少1h 穿透力：65mmFe （2）成像板 像素尺寸：154μm 像素阵列：2816×2304pixels 图像分辨率：3.3lp/mm 有效成像区域：434mm×355mm 读出时间：2～4s 最大线性曝光量：≥80μGy 尺寸：477.4mm×453.6mm×18.4mm A/D：16bit 控制模式：无线控制 重量：4kg （3）工装 GIS工装降到最低时总高度：1840mm GIS工装升到最高时总高度：3600mm 工装可升降	（1）曝光效率高，穿透能力强 （2）管头重量轻，适合现场搬运和部署 （3）采用金属陶瓷管芯，抗震和真空度好，可靠耐用	是
四川赛康智能科技股份有限公司	WSTM—TMD—SC	成都	开关柜、环网柜等电力设备		（1）测温方式：接触式测温 （2）测温范围：-20～+180℃范围内 （3）测量精度：±1℃ （4）测量重复性：≤10%	（1）无线工作方式，可用于测量非可视范围内的各种物体温度 （2）无源的工作方式，实时性高 （3）接触式测温，测温范围大 （4）体积小，安装方便 （5）非电池供电，无有源电子元器件，安全性极高	是

四、SF_6气体泄漏红外成像检测仪

用途

适用于 SF_6 气体绝缘设备密封件质量、绝缘子出现裂纹、设备安装施工质量、密封槽和密封圈不匹配、设备本身质量、设备运输过程中引起的密封损坏等原因导致的 SF_6 气体泄漏。

执行标准

DL/T 664—2016 《带电设备红外诊断应用规范》
Q/GDW 11062 《六氟化硫气体泄漏成像测试技术现场应用导则》
GB/T 11023—1989 《高压开关设备六氟化硫气体密封试验方法》

相关标准技术性能要求

（1）灵敏度：探测灵敏度≤1μL/s，热灵敏度 ≤0.035℃。
（2）分辨率：探头分辨率≥320×240，数字信号分辨率≥12bit。
（3）帧频≥45 帧/s。
（4）采用高性能的焦平面、制冷型量子阱探测器。
（5）具有非均匀校准功能，过滤图像噪声，使之得到增强。
（6）具有档位可调的 HSM 高灵敏度模式功能。
（7）可自动或手动对焦，快速调清晰图像。
（8）具有角度可调的 LCD 显示器和取景器，操作手柄可旋转调节。
（9）同时具备红外成像和可见光成像。
（10）集 SF_6 气体检漏和红外测温功能。

产品技术参数

企业名称	型号规格	产地	适用设备	外观图片	主要技术参数	产品特点	是否具有型式试验报告
广州科易光电技术有限公司	GL800	广州	SF_6充气设备	尺寸：292mm×148mm×138mm/2.36kg	（1）气体灵敏度：0.001mL/s；测温灵敏度：0.015℃ （2）分辨率：320×256 （3）帧频：50Hz （4）检漏模式：普通模式和高灵敏度模式 （5）是否集成测温功能：是	（1）新机芯设计，启动时间小于7min （2）多级高灵敏度模式，可以检测到0.001mL/s的微小流量 （3）不需要辅助光源，不需要反射背景，可以天空为背景直接拍摄	是
浙江红相科技股份有限公司	TI320+	浙江	SF_6绝缘的电力设备	尺寸：308mm×142mm×166mm/2.4kg	（1）探测灵敏度≤0.001mL/s，温度灵敏度：≤0.02℃ （2）分辨率：320×256 （3）帧频：50Hz （4）检漏模式：普通模式、高灵敏度模式、红外测温模式 （5）是否集成测温功能：是	（1）制冷型量子阱探测器，灵敏度≤0.025℃ （2）被动红外成像，无须特定背景，无须辅助光源 （3）可选配镜头	是

第四章

化 学 检 测

一、油中溶解气体分析带电检测仪（气相色谱法）

用途

适用于检测充油电气设备油中溶解气体的 H_2、CH_4、C_2H_6、C_2H_4、C_2H_2、CO 和 CO_2 含量。

执行标准

GB/T 17623—2017 《绝缘油中溶解气体组分含量的气相色谱测定法》

Q/GDW 11304.41—2015 《电力设备带电检测仪器技术规范　第 4－1 部分：油中溶解气体分析　带电检测仪器技术规范（气相色谱法）》

相关标准技术性能要求

1. 使用环境条件（Q/GDW 11304.41—2015）

环境温度：－35～+50℃。

相对湿度：不大于 90%。

大气压力：80～110kPa。

2. 工作电源（Q/GDW 11304.41—2015）

直流电源：5～36V 电池，现场可持续工作时间应不少于 8h。

交流电源：220×（1±10%）V，频率 50×（1±5%）Hz。

3. 测量范围（Q/GDW 11304.41—2015）

H_2：2～2000μL/L。

CH_4、C_2H_6、C_2H_4、C_2H_2：0.1～1000μL/L。

CO：5～5000μL/L。

CO_2：10～15 000μL/L。

4. 测量误差（Q/GDW 11304.41—2015）

油中溶解气体分析带电检测仪器（气相色谱法）的测量误差应满足如表 4－1 所示的要求。

表 4－1　　气相色谱法的测量误差要求

气体组分	测量范围（μL/L）	测量误差限值
H_2	2～10	±4μL/L
	10～2000	±4μL/L 或±10%
CH_4、C_2H_6、C_2H_4	0.1～10	±0.2μL/L 或±15%
	10～1000	±1.5μL/L 或±10%
C_2H_2	0.1～10	±0.2μL/L 或±10%
	10～1000	±10%
CO	5～100	±10μL/L 或±15%
	100～5000	±15μL/L 或±10%
CO_2	10～100	±20μL/L
	100～15 000	±20μL/L 或±10%

注　测量误差限值取两者较大值。

5. 定量重复性（Q/GDW 11304.41—2015）

相对标准偏差（RSD）应不大于 5%。

6. 最小检测浓度（GB/T 17623—2017）

油中溶解气体分析带电检测仪器（气相色谱法）的最小检测浓度应满足表 4–2 所示的要求。

表 4–2　　气相色谱法最小检测浓度要求

组分	H_2	CO	CO_2	CH_4	C_2H_2	C_2H_4	C_2H_6
最小检测浓度（μL/L）	2	5	10	0.1	0.1	0.1	0.1

产品技术参数分类

企业名称	型号规格	产地	适用设备	外观图片	主要技术参数	产品特点	是否具有型式试验报告
泰普联合科技开发（北京）有限公司	STP1004	北京	充油电力设备	尺寸：625mm×500mm×297mm/＜15kg	（1）使用环境：环境温度：5～35℃ 相对湿度：0～85% （2）工作电源：220V±22V，50Hz （3）测量范围：H_2、CH_4：0.005～5000μL/L CO、CO_2：0.01～5000μL/L C_2H_2、C_2H_6、C_2H_4：0.003～5000μL/L （4）测量误差：≤3% （5）定量重复性：≤1% （6）油中最小检测浓度：H_2、CH_4：0.005μL/L CO、CO_2：0.01μL/L C_2H_2、C_2H_6、C_2H_4：0.003μL/L	（1）采用最新氦离子检测技术 （2）检测限较传统油色谱提高100～200倍 （3）无须氢气，无须点火，安全性高	上海市计量测试技术研究院（校准证书）

二、SF_6气体湿度检测仪器

用途

适用于检测六氟化硫（SF_6）电气设备中SF_6气体的湿度（微水含量）。

执行标准

GB/T 11605—2005 《湿度测量方法》

DL/T 506—2007 《六氟化硫电气设备中绝缘气体湿度测量方法》

Q/GDW 11304.11—2015 《电力设备带电检测仪器技术规范　第11部分：

SF_6气体湿度带电检测仪器技术规范》

相关标准技术性能要求

1. 使用环境条件

（DL/T 506—2007）

环境温度：+5～+35℃（尽量在10～30℃间测量）。

相对湿度：不大于85%。

大气压力：推荐在常压下测量。

（Q/GDW 11304.11—2015）

环境温度：-10～+50℃。

相对湿度：+50℃（5～90）%RH（相对湿度）。

大气压力：80～110kPa。

2. 电源

（Q/GDW 11304.11—2015）

直流电源：5～36V电池，现场可持续工作时间应不少于8h。

交流电源：220×（1±10%）V，频率50×（1±5%）Hz。

3. 测量范围

（GB/T 11605—2005）

镜面式检测仪：-75～+60℃。

阻容式检测仪：0～100%RH。

电解式检测仪：1～1000μL/L。

（DL/T 506—2007）

镜面式检测仪：-60～0℃。

阻容式检测仪：-60～0℃。

电解式检测仪：1～1000μL/L。

（Q/GDW 11304.11—2015）

镜面式检测仪：-60～0℃。

阻容式检测仪：-60～0℃。

电解式检测仪：10～1000μL/L。

4. 测量误差

（GB/T 11605—2005）

镜面式检测仪：≤±0.6℃。

阻容式检测仪：≤±5%RH。

电解式检测仪：≤±10%（测量范围1～30μL/L），≤±5%（测量范围≥30μL/L）。

（DL/T 506—2007）

镜面式检测仪：≤±0.6℃。

阻容式检测仪：≤±2℃。

电解式检测仪：≤±10%（测量范围1～30μL/L），≤±5%（测量范围30～1000μL/L）。

（Q/GDW 11304.11—2015）

镜面式检测仪：≤±0.6℃。

阻容式检测仪：≤±2℃。

电解式检测仪：≤±1.5μL/L（测量范围≤30μL/L），≤±5%（测量范围>30μL/L）。

5. 重复性

（GB/T 11605—2005）

镜面式检测仪：≤1℃（两次检测之差）。

阻容式检测仪：≤2%RH（两次检测之差）。

（Q/GDW 11304.11—2015）

三种检测仪：<1%（RSD）。

产品技术参数分类

企业名称	型号规格	产地	适用设备	外观图片	主要技术参数	产品特点	是否具有型式试验报告
河南省日立信股份有限公司	RA601F/A02B01C1（阻容式）	郑州	各电压等级的SF_6电气设备	尺寸：273mm×263mm×143mm/5kg	（1）使用环境：－20～50℃，15%～95%RH （2）工作电源：电池供电/交直流两用，220V AC充电 （3）测量范围：－60～+20℃ （4）测量误差：±2℃ （5）重复性：±1℃ （6）便携性：手提式	（1）露点、体积比显示、折算 （2）数据曲线，查询、打印 （3）传感器干燥保护 （4）上位机管理软件	否

续表

企业名称	型号规格	产地	适用设备	外观图片	主要技术参数	产品特点	是否具有型式试验报告
河南省日立信股份有限公司	RA912F（Ⅱ）系列（镜面式）	郑州	各电压等级的 SF_6 电气设备	尺寸：410mm×385mm×205mm/6.5kg	（1）使用环境：－20～50℃，15%～95%RH （2）工作电源：电池供电/交直流两用，220V AC充电 （3）测量范围：－60～+20℃ （4）测量误差：±0.6℃ （5）重复性：±0.6℃ （6）便携性：手提式	（1）自动/手动测量模式 （2）露点、体积比显示折算 （3）湿度、纯度、分解物等检测项可选 （4）外置打印机可选	否
	RA601F（Ⅱ）系列（阻容式）	郑州	各电压等级的 SF_6 电气设备	尺寸：242mm×282mm×104mm/4kg	（1）使用环境：－20～50℃，15%～95%RH （2）工作电源：电池供电/交直流两用，220V AC充电 （3）测量范围：－60～+20℃ （4）测量误差：±0.6℃ （5）重复性：±0.6℃ （6）便携性：手提式	（1）露点、体积比折算 （2）显示补偿与换算 （3）传感器干燥保护 （4）状态异常提示 （5）湿度、纯度配置可选	否
	RA912F（Ⅱ）系列（阻容式）	郑州	各电压等级的 SF_6 电气设备	尺寸：310mm×280mm×150mm/6kg	（1）使用环境：－20～50℃，15%～95%RH （2）工作电源：电池供电/交直流两用，220V AC充电 （3）测量范围：－60～+20℃ （4）测量误差：±2℃ （5）重复性：±1℃ （6）便携性：手提式	（1）露点、体积比折算 （2）传感器干燥保护 （3）数据曲线、查询、打印 （4）上位机管理软件 （5）湿度、纯度、分解物可选	否
	RA912F系列（阻容式）	郑州	各电压等级的 SF_6 电气设备	尺寸：310mm×280mm×150mm/6kg	（1）使用环境：－20～50℃，15%～95%RH （2）工作电源：电池供电/交直流两用，220V AC充电 （3）测量范围：－60～+20℃ （4）测量误差：±2℃ （5）重复性：±1℃ （6）便携：手提式	（1）露点体积比折算 （2）传感器干燥保护 （3）数据曲线、查询、打印 （4）上位机管理软件 （5）湿度、纯度、分解物可选	否

续表

企业名称	型号规格	产地	适用设备	外观图片	主要技术参数	产品特点	是否具有型式试验报告
常州爱特科技股份有限公司	ATSD903L（阻容式）	常州爱特	GIS/GIL/开关柜 SF_6 气体中的水分测定	尺寸：345mm×250mm×160mm/1.5kg	（1）使用环境：温度－40～60℃，湿度：0～95% （2）工作电源：110～220V AC，交直流两用 （3）测量量程：露点－80～+20℃（支持ppmv等） （4）测量误差：±1℃ （5）重复性：±0.5℃ （6）便携性：便于携带	（1）支持手机APP （2）内置锂电池，超长待机 （3）探头干燥保护 （4）自动校准	（1）国网南瑞集团公司实验验证中心 （2）安徽省电力科学研究院国网公司六氟化硫气体实验室
泰普联合科技开发（北京）有限公司	SDP1001（镜面式）	北京	用于测量 SF_6 电气设备中气体的水分含量	尺寸：315mm×155mm×310mm/约8kg	（1）使用环境： 环境温度：－20～50℃ 相对湿度：15%～85% （2）工作电源：交流220V±10%，50Hz或直流16.8V/4.0A供电 （3）测量量程：－62～室温 （4）测量误差：≤0.2℃ （5）重复性：≤0.1℃ （6）便携性：主机带挽手，运输箱带轮子	（1）拥有两项发明专利 （2）环境温度－20～50℃无测量盲区 （3）测量时间1.5～3min	（1）中国电力科学研究院有限公司检测报告 （2）国家标准物质研究中心测试证书
福建亿榕信息技术有限公司	GCT—200微水仪（阻容式）	福州	含 SF_6 的电气设备	尺寸：350mm×240mm×150mm/≤4kg	（1）使用环境温度：－20～+50℃ 相对湿度：15%～90%RH，无凝露 （2）工作电源：110～220V AC，交直流两用 （3）测量量程：－80～+20℃ （4）测量误差：<±1℃ （5）重复性：<±0.3℃ （6）便携性：拉杆箱式设计，便于携带	（1）不锈钢烧结过滤器保护探头+全不锈钢气路，将吸附降至最低，干燥效果更佳 （2）内置专家诊断系统，辅助用户进行故障判定 （3）全触摸屏、防反光设计，操作简单、显示清晰	福建计量院（校准证书）

续表

企业名称	型号规格	产地	适用设备	外观图片	主要技术参数	产品特点	是否具有型式试验报告
福建亿榕信息技术有限公司	GCT—300SF_6气体综合分析仪（阻容式）	福州	含SF_6的电气设备	尺寸：360mm×310mm×190mm/8kg	（1）使用环境温度：-20～+50℃，相对湿度：15%～90%RH （2）工作电源：110～220V AC，交直流两用 （3）测量量程：-80～+20℃ （4）测量误差：< ±1℃ （5）重复性：< ±0.3℃ （6）便携性：拉杆箱式设计，便于携带	分解产物、湿度（阻容法）、纯度三合一测试	福建计量院（校准证书）、安徽电科院（检验报告比对试验）
	DPT—100露点仪（镜面式）	福州	含SF_6的电气设备	尺寸：270mm×250mm×180mm/≤ 5kg	（1）使用环境温度：-20～+50℃，相对湿度：15%～90%RH （2）工作电源：110～220V AC，交直流两用 （3）测量量程：-60～0℃ （4）测量误差：< ±0.3℃ （5）重复性：<±0.1℃ （6）便携性：拉杆箱式设计，便于携带	（1）基于冷镜法，精度高 （2）四级制冷+PID温控，测试稳定可靠 （3）环境温度补偿，防过冷水，防SF_6液化技术	广州广电计量检测机构（校准证书）
	GCT—300DP SF_6气体综合分析仪（镜面式）	福州	SF_6气体电气设备	尺寸：360mm×310mm×190mm/10kg	（1）使用环境温度：-20～+50℃，相对湿度：15%～90%RH （2）工作电源：110～220V AC，交直流两用 （3）测量量程：-60～0℃ （4）测量误差：±0.3℃ （5）重复性：<±0.1℃ （6）便携性：拉杆箱式设计，便于携带	分解产物、湿度（镜面法）、纯度三合一测试	广州广电计量检测机构（校准证书）、安徽电科院（检验报告比对试验）

三、SF_6气体纯度检测仪器

用途

适用于检测六氟化硫（SF_6）电气设备中 SF_6 气体的纯度（体积分数）。

执行标准

Q/GDW 11304.12—2015 《电力设备带电检测仪器技术规范　第 12 部分：SF_6气体纯度带电检测仪器技术规范》

相关标准技术性能要求

1. 使用环境条件（Q/GDW 11304.12—2015）

环境温度：－10～+50℃。

相对湿度：50℃（5～90）%RH。

大气压力：80～110kPa。

2. 工作电源（Q/GDW 11304.12—2015）

直流电源：5～36V 电池，现场可持续工作时间应不少于 8h。

交流电源：220×（1±10%）V，频率 50×（1±5%）Hz。

3. 测量范围（Q/GDW 11304.12—2015）

热导、红外纯度检测仪：90%～100%（质量分数）、65%～100%（体积分数）。

4. 测量误差（Q/GDW 11304.12—2015）

两种检测仪：≤±0.2%（质量分数）。

5. 重复性（Q/GDW 11304.12—2015）

两种检测仪：≤0.1%（RSD）。

6. 分辨率（Q/GDW 11304.12—2015）

热导纯度检测仪：≤0.1%（质量分数）。

红外纯度检测仪：≤0.03%（质量分数）。

产 品 技 术 参 数 分 类

企业名称	型号规格	产地	适用设备	外观图片	主要技术参数	产品特点	是否具有型式试验报告
泰普联合科技开发（北京）有限公司	STP1002（红外/热导原理）	中国	用于测量GIS、变压器、互感器、断路器等SF_6电气设备中SF_6气体的纯度（也可用于绝缘介质为SF_6/N_2、SF_6/CF_4、C_4F_7N/CO_2等混合气体的混合比）	尺寸：263mm×145mm×255mm/约3kg	（1）使用环境：环境温度−20～+50℃　相对湿度15%～85%（2）工作电源：交流220V±10%，50Hz或直流16.8V/4.0A供电（3）测量量程：0～100%（4）测量误差：≤±0.1%（5）重复性：≤±0.03%（6）分辨率：0.01%（7）便携性：主机带挽手，运输箱带轮子	（1）拥有一项发明专利（2）双重恒温绝热系统保证测量精度	中国电力科学研究院（校准证书）
河南省日立信股份有限公司	RA601F（Ⅱ）系列（热导原理）	郑州	各电压等级的SF_6电气设备	尺寸：242mm×282mm×104mm/4kg	（1）使用环境：−10～+50℃，15%～95%RH（2）工作电源：电池供电/交直流两用，220V AC充电（3）测量量程：0%～100%（4）示值误差：±0.2%（质量分数90%～100%）（5）重复性：不超过0.1%（RSD）（6）分辨率：0.01%（质量分数）（7）便携性：背包式（A4纸张大小）	（1）体积/质量分数显示（2）开放式校准功能（3）状态异常提示（4）湿度、纯度、分解物可选	否

续表

企业名称	型号规格	产地	适用设备	外观图片	主要技术参数	产品特点	是否具有型式试验报告
河南省日立信股份有限公司	RA912F（Ⅱ）系列（热导、红外原理可选）	郑州	各电压等级的 SF_6 电气设备	尺寸：310mm×280mm×150mm/6kg	（1）使用环境：-10～+50℃，15%～95%RH （2）工作电源：电池供电/交直流两用，220V AC 充电 （3）测量量程：0～100%（质量分数） （4）示值误差：±0.2%（质量分数90%～100%） （5）重复性：不超过0.1%（RSD） （6）分辨率：0.01%（质量分数） （7）便携性：手提式	（1）体积/质量分数显示 （2）开放式校准功能 （3）数据存储、查询、打印 （4）湿度、纯度、分解物（可选）	否
	RA912F系列（热导、红外原理可选）	郑州	各电压等级的 SF_6 电气设备	尺寸：310mm×280mm×150mm/6kg	（1）使用环境：-10～+50℃，15%～95%RH （2）工作电源：电池供电/交直流两用，220V AC 充电 （3）测量量程：0～100%（质量分数） （4）示值误差：±0.2%（质量分数90%～100%） （5）重复性：不超过0.1%（RSD） （6）分辨率：0.01%（质量分数） （7）便携性：手提式	（1）体积/质量分数显示 （2）开放式校准功能 （3）数据存储、查询、打印 （4）湿度、纯度、分解物（可选）	否

续表

企业名称	型号规格	产地	适用设备	外观图片	主要技术参数	产品特点	是否具有型式试验报告
河南省日立信股份有限公司	RA912F（Ⅱ）系列（热导、红外原理可选）	郑州	各电压等级的 SF_6 电气设备	尺寸：410mm×385mm×205mm/6.5kg	（1）使用环境：-10～+50℃，15%～95%RH （2）工作电源：电池供电/交直流两用，220V AC 充电 （3）测量量程：0～100%（质量分数） （4）示值误差：±0.2%（质量分数90%～100%） （5）重复性：不超过0.1%（RSD） （6）分辨率：0.01%（质量分数） （7）便携性：手提式	（1）体积/质量分数显示 （2）开放式校准功能 （3）数据存储、查询、打印 （4）湿度、纯度、分解物（可选）	否
常州爱特科技股份有限公司	ATSP903D 激光红外	常州爱特	GIS/GIL/开关柜 SF_6 气体中纯度测定	尺寸：340mm×230mm×138mm/1.5kg	（1）使用环境：温度-40～+60℃，湿度0～95% （2）工作电源：110～220V AC，交直流两用 （3）测量量程：0～100% （4）测量误差：0.5% （5）重复性：±0.2% （6）分辨率：0.1% （7）便携性：方便携带	（1）支持手机APP （2）内置锂电池，超长待机 （3）自动校准	国网南瑞集团公司实验验证中心、安徽省电力科学研究院国网公司六氟化硫气体实验室
泰普联合科技开发（北京）有限公司	STP1002（红外/热导原理）	北京	用于测量GIS、变压器、互感器、断路器等 SF_6 电气设备中 SF_6 气体的纯度（也可用于绝缘介质为 SF_6/N_2、SF_6/CF_4、C_4F_7N/CO_2 等混合气体的混合比）	尺寸：263mm×145mm×255mm/约3kg	（1）使用环境： 环境温度-20～+50℃ 相对湿度15%～85% （2）工作电源：交流220V±10%，50Hz或直流16.8V/4.0A供电 （3）测量量程：0～100% （4）测量误差：≤±0.1% （5）重复性：≤±0.03% （6）分辨率：0.01% （7）便携性：主机带挽手，运输箱带轮子	（1）拥有一项发明专利 （2）双重恒温绝热系统保证测量精度	中国电力科学研究院校准证书

续表

企业名称	型号规格	产地	适用设备	外观图片	主要技术参数	产品特点	是否具有型式试验报告
福建亿榕信息技术有限公司	PRT—100纯度测试仪（热导原理）	福州	含 SF_6 的电气设备	尺寸：350mm×240mm×150mm/≤4kg	（1）使用环境：温度-20～+50℃；相对湿度15%～90%RH （2）工作电源：110～220V AC，交直流两用 （3）测量量程：质量百分比（0～100%）；体积百分比（0～100%） （4）测量误差 0～90%时，≤±1%；90%～100%，≤±0.3% （5）重复性：≤1% （6）分辨率：≤0.01% （7）便携性：拉杆箱式设计，便于携带	（1）热导池智能恒温装置，保证纯度测试稳定性 （2）测试时间短，最多仅需3min，节能环保 （3）全触摸屏、防反光设计，操作简单、显示清晰	
	GHT—100混合绝缘气体纯度测试仪（热导+电化学原理）	福州	含 SF_6 的电气设备	尺寸：330mm×260mm×150mm/5kg	（1）使用环境：温度-20～+50℃；相对湿度15%～90%RH （2）工作电源：110～220V AC，交直流两用 （3）测量量程：SF_6（0～100%），N_2（0～100%），O_2（0～5%） （4）测量误差：SF_6≤±0.5%，N_2≤±0.5%，O_2≤±0.05% （5）重复性：SF_6重复性允许误差≤±1%，N_2重复性允许误差≤±1%，O_2重复性允许误差≤±2% （6）分辨率：SF_6/N_2≤0.01%，O_2≤0.005% （7）便携性：拉杆箱式设计，便于携带	（1）热导池检测+电化学检测，完美实现三组分定量 （2）测试时间短，最多仅需3min，节能环保 （3）全触摸屏、防反光设计，操作简单、显示清晰	中国电科院（试验报告比对试验）

续表

企业名称	型号规格	产地	适用设备	外观图片	主要技术参数	产品特点	是否具有型式试验报告
福建亿榕信息技术有限公司	GCT—300 SF_6气体综合分析仪（热导原理）	福州	含SF_6的电气设备	尺寸：360mm×310mm×190mm/8kg	（1）使用环境：温度：−20～+50℃；相对湿度：15%～90%RH （2）工作电源：110～220V AC，交直流两用 （3）测量量程：质量百分比（0～100%），体积百分比（0～100%） （4）测量误差 0～90%时，≤±1% 90%～100%，≤±0.3% （5）重复性：≤±1% （6）分辨率：≤0.01% （7）便携性：拉杆箱式设计，便于携带	分解产物、湿度（阻容式）、纯度（热导原理）三合一测试	安徽电科院（检验报告比对试验）
	GCT—300DP SF_6气体综合分析仪（热导原理）	福州	SF_6气体电气设备	尺寸：360mm×310mm×190mm/10kg	（1）使用环境：温度−20～+50℃，相对湿度15%～90%RH （2）工作电源：110～220V AC，交直流两用 （3）测量量程；质量百分比（0～100%）；体积百分比（0～100%） （4）测量误差 0～90%时，≤±1% 90%～100%，≤±0.3% （5）重复性：≤±1% （6）分辨率：≤0.01% （7）便携性：拉杆箱式设计，便于携带	分解产物、湿度（镜面式）、纯度（热导原理）三合一测试	安徽电科院

四、SF_6气体分解产物检测仪器（电化学传感器法）

用途

适用于检测六氟化硫（SF_6）电气设备中 SF_6 气体的 SO_2、H_2S 和 CO 含量（体积分数）。

执行标准

DL/T 1205—2013 《六氟化硫电气设备分解产物试验方法》

Q/GDW 11304.13—2015 《电力设备带电检测仪器技术规范 第 13 部分：SF_6气体分解产物带电检测仪器技术规范》

相关标准技术性能要求

1. 使用环境条件（Q/GDW 11304.13—2015）

环境温度：－10～＋40℃（通用型）。

－25℃～＋40℃（低温型）。

相对湿度：15%～90%。

海拔：≤3000m。

2. 工作电源（Q/GDW 11304.13—2015）

直流电源：5～36V 电池，现场可持续工作时间应不少于 8h。

交流电源：220×（1±10%）V，频率 50×（1±5%）Hz。

3. 测量范围（DL/T 1205—2013）

SO_2、H_2S：0～100μL/L。

CO：0～500μL/L。

4. 测量误差（DL/T 1205—2013）

SO_2、H_2S：≤1μL/L（测量范围 0～10μL/L），≤10%（测量范围 10～100μL/L）。

CO：≤3μL/L（测量范围 0～50μL/L），≤6%（测量范围 50～500μL/L）。

（Q/GDW 11304.13—2015）

SF_6气体分解产物检测仪器（电化学传感器法）分为高性能、普通性能检测仪，测量误差要求如表 4–3 所示。

表 4–3 电化学传感器法测量误差

检测仪类别	检测组分	检测范围（μL/L）	测量误差
高性能检测仪	SO_2、H_2S	0～10	≤±0.5μL/L
		10～100	≤±5%
	CO	0～50	≤±2μL/L
		50～500	≤±4%
普通性能检测仪	SO_2、H_2S	0～10	≤±3μL/L
		10～100	≤±30%

5. 重复性

（DL/T 1205—2013）

SO_2、H_2S：≤0.3μL/L（测量范围 0～10μL/L），≤3%（测量范围 10～100μL/L）。

CO：≤1.5μL/L（测量范围 0～50μL/L），≤3%（测量范围 50～500μL/L）。

（Q/GDW 11304.13—2015）

SF_6气体分解产物检测仪器（电化学传感器法）的重复性满足表 4–4 所示要求。

表 4–4 电化学传感器法的重复性要求

检测仪类别	检测组分	检测范围（μL/L）	重复性
高性能检测仪	SO_2和H_2S	0～10	0.2μL/L
		10～100	2%
	CO	0～50	1.5μL/L
		50～500	3%
普通性能检测仪	SO_2和H_2S	0～10	3μL/L
		10～100	30%

产 品 技 术 参 数 分 类

企业名称	型号规格	产地	适用设备	外观图片	主要技术参数	产品特点	是否具有型式试验报告
泰普联合科技开发（北京）有限公司	STP1100（高性能）		用于测量GIS、变压器、互感器、断路器等SF_6电气设备中SF_6气体的分解物（也可用于绝缘介质为SF_6/N_2、SF_6/CF_4等混合气体的分解物）	尺寸：260mm×155mm×330mm /约 6kg	（1）使用环境： 环境温度−20～50℃ 相对湿度 15%～85% （2）工作电源： 交流 220V±10%，50Hz 或直流 16.8V/4.0A 供电 （3）检测组分： SO_2、H_2S、CO、HF、CO_2、H_2、CF_4 （4）测量量程： SO_2：0～100～2000μL/L H_2S、CF_4：0～100μL/L CO：0～1500μL/L HF：0～10μL/L H_2：0～1000μL/L CO_2：0～3000μL/L （5）测量误差： SO_2、H_2S： 测量值≤10μL/L，误差≤±0.3μL/L 测量值>10μL/L，误差≤±3% CO： 测量值≤100μL/L，误差≤ ±4μL/L 测量值>100μL/L，误差≤±4% （6）重复性： SO_2、H_2S： 测量值≤10μL/L，重复测量误差≤±0.1μL/L 测量值>10μL/L，重复测量误差≤±1% CO： 测量值≤100μL/L，重复测量误差≤±1.5μL/L 测量值>100μL/L，重复测量误差≤±1.5% （7）便携性：主机带挽手，运输箱带轮子	（1）通过了《关于开展SF_6气体分解物检测仪校验工作的通知》（国家电网公司生变电〔2011〕50号）、国家电网公司企业标准《SF_6气体分解产物检测仪（电化学传感器）通用技术条件》在高温40℃、低温−10℃及常温下的全性能试验 （2）动态温度补偿技术消除温漂 （3）抗交叉干扰技术	中国电力科学研究院《SF_6气体分解产物检测仪检测报告（性能试验）》

续表

企业名称	型号规格	产地	适用设备	外观图片	主要技术参数	产品特点	是否具有型式试验报告
河南省日立信股份有限公司	RA601F/A01B01C1（高性能）	郑州	各电压等级的 SF_6 电气设备	尺寸：273mm×263mm×143mm/5kg	（1）使用环境：-20～40℃，15%～95%RH （2）工作电源：电池供电/交直流两用，220V AC充电 （3）检测组分：SO_2、H_2S、CO （4）测量量程： SO_2：0～100μL/L，0～2000μL/L H_2S：0～100μL/L CO：0～500μL/L （5）测量误差： SO_2、H_2S：0～10μL/L时，±0.5μL/L；10～100μL/L时，±5% CO：0～50μL/L时，±2μL/L；50～500μL/L时，±4% （6）重复性： SO_2、H_2S：0～10μL/L时，0.2μL/L；10～100μL/L时，2% CO：0～50μL/L时，1.5μL/L；50～500μL/L时，3% （7）便携性：手提式	（1）流量调节、温度动态补偿 （2）气体浓度超量程保护 （3）校准周期/寿命提醒 （4）内置空气吹扫功能	否
	RA912F（Ⅱ）系列（高性能）	郑州	各电压等级的 SF_6 电气设备	尺寸：310mm×280mm×150mm/6kg	（1）使用环境：-20～40℃，15%～95%RH （2）工作电源：电池供电/交直流两用，220V AC充电 （3）检测组分：SO_2、H_2S、CO （4）测量量程： SO_2：0～100μL/L，0～2000μL/L H_2S：0～100μL/L CO：0～500μL/L （5）测量误差： SO_2、H_2S：0～10μL/L时，±0.5μL/L；10～100μL/L时，±5% CO：0～50μL/L时，±2μL/L；50～500μL/L时，±4% （6）重复性： SO_2、H_2S：0～10μL/L时，0.2μL/L；10～100μL/L时，2% CO：0～50μL/L时，1.5μL/L；50～500μL/L时，3% （7）便携性：手提式	（1）流量调节、温度动态补偿 （2）气体浓度超量程保护 （3）校准周期/寿命提醒 （4）内置空气吹扫功能 （5）湿度、纯度、分解物（可选）	否

续表

企业名称	型号规格	产地	适用设备	外观图片	主要技术参数	产品特点	是否具有型式试验报告
河南省日立信股份有限公司	RA912F系列（高性能）	郑州	各电压等级的SF_6电气设备	尺寸：310mm×280mm×150mm/6kg	（1）使用环境：－20～40℃，15%～95%RH （2）工作电源：电池供电/交直流两用，220V AC充电 （3）检测组分：SO_2、H_2S、CO （4）测量量程： SO_2：0～100μL/L，0～2000μL/L H_2S：0～100μL/L CO：0～500μL/L （5）测量误差： SO_2、H_2S：0～10μL/L时，±0.5μL/L；10～100μL/L时，±5% CO：0～50μL/L时，±2μL/L；50～500μL/L时，±4% （6）重复性： SO_2、H_2S：0～10μL/L时，0.2μL/L；10～100μL/L时，2% CO：0～50μL/L时，1.5μL/L；50～500μL/L时，3% 便携性：手提式	（1）流量调节、温度动态补偿 （2）气体浓度超量程保护 （3）校准周期/寿命提醒 （4）内置空气吹扫功能 （5）湿度、纯度、分解物（可选）	否
河南省日立信股份有限公司	RA912F（Ⅱ）系列（高性能）	郑州	各电压等级的SF_6电气设备	尺寸：410mm×385mm×205mm/6.5kg	（1）使用环境：－20～40℃，15%～95%RH （2）工作电源：电池供电/交直流两用，220V AC充电 （3）检测组分：SO_2、H_2S、CO （4）测量量程： SO_2：0～100μL/L，0～2000μL/L H_2S：0～100μL/L CO：0～500μL/L （5）测量误差： SO_2、H_2S：0～10μL/L时，±0.5μL/L；10～100μL/L时，±5% CO：0～50μL/L时，±2μL/L；50～500μL/L时，±4% （6）重复性： SO_2、H_2S：0～10μL/L时，0.2μL/L；10～100μL/L时，2% CO：0～50μL/L时，1.5μL/L；50～500μL/L时，3% （7）便携性：手提式	（1）流量调节、温度动态补偿 （2）气体浓度超量程保护 （3）校准周期/寿命提醒 （4）内置空气吹扫功能 （5）湿度、纯度、分解物（可选）	否

续表

企业名称	型号规格	产地	适用设备	外观图片	主要技术参数	产品特点	是否具有型式试验报告
福建亿榕信息技术有限公司	GCT—100SF_6气体分析仪（普通性能）	福州	含SF_6的电气设备	尺寸：350mm×240mm×150mm/5kg	（1）使用环境： 温度−20～+50℃； 相对湿度：15%～90%RH （2）工作电源：110～220V AC，交直流两用 （3）检测组分： CO、H_2S、SO_2（H_2可选配） （4）测量量程： SO_2：0～100μL/L H_2S：0～100μL/L CO：0～1000μL/L （5）测量误差： SO_2、H_2S≤10μL/L时，误差≤ ±0.5μL/L SO_2、H_2S≥10μL/L时，误差≤±5% CO≤50μL/L时，误差≤±2μL/L CO≥50μL/L时，误差≤± 4% （6）重复性： SO_2重复性允许误差≤±3% H_2S重复性允许误差≤±3% CO重复性允许误差≤±4% （7）便携性：拉杆箱式设计，便于携带	（1）温度补偿+防交叉干扰+全不锈钢气路+自清洗 （2）内置专家诊断系统，辅助用户故障判定 （3）全触屏，防反光，操作简单，显示清晰 （4）可选配H_2检测、SO_2大量程检测、打印机、自清洗功能	中国电力科学研究院（检测报告比对试验）

续表

企业名称	型号规格	产地	适用设备	外观图片	主要技术参数	产品特点	是否具有型式试验报告
福建亿榕信息技术有限公司	GCT—300SF_6气体综合分析仪（高性能）	福州	含SF_6的电气设备	尺寸：360mm×310mm×190mm/8kg	（1）使用环境： 温度-20～+50℃； 相对湿度15%～90%RH （2）工作电源：110～220V AC，交直流两用 （3）检测组分： CO、H_2S、SO_2（H_2可选配） （4）测量量程： SO_2：0～100μL/L H_2S：0～100μL/L CO：0～1000μL/L （5）测量误差： SO_2、H_2S≤10μL/L时，误差≤±0.5μL/L SO_2、H_2S≥10μL/L时，误差≤±5% CO≤50μL/L时，误差≤ ±2μL/L CO≥50μL/L时，误差≤±4% （6）重复性： SO_2重复性允许误差≤±3% H_2S重复性允许误差≤±3% CO重复性允许误差≤±4% （7）便携性：拉杆箱式设计，便于携带	分解产物、湿度（阻容式）、纯度（热导原理）三合一测试	安徽电科院（检验报告比对试验）

续表

企业名称	型号规格	产地	适用设备	外观图片	主要技术参数	产品特点	是否具有型式试验报告
福建亿榕信息技术有限公司	GCT—300DP SF_6气体综合分析仪（高性能）	福州	SF_6气体电气设备	尺寸：360mm×310mm×190mm/10kg	（1）使用环境： 温度-20～+50℃ 相对湿度 15%～90%RH （2）工作电源：110～220V AC，交直流两用 （3）检测组分： CO、H_2S、SO_2（H_2可选配） （4）测量量程： SO_2：0～100μL/L H_2S：0～100μL/L CO：0～1000μL/L （5）测量误差： SO_2、H_2S≤10μL/L 时，误差≤±0.5μL/L； SO_2、H_2S≥10μL/L 时，误差≤±5% CO≤50μL/L 时，误差≤ ±2μL/L CO≥50μL/L 时，误差≤±4 （6）重复性： SO_2重复性允许误差≤±3% H_2S 重复性允许误差≤±3% CO 重复性允许误差≤±4% （7）便携性：拉杆箱式设计，便于携带	分解产物、湿度（镜面式）、纯度（热导原理）三合一测试	安徽电科院（检验报告比对试验）
常州爱特科技股份有限公司	ATSF905 双通道	常州爱特	GIS/GIL/开关柜绝缘气体中得SO_2、H_2S、HF、CF_4等SF_6分解产物气体检测	尺寸：345mm×250mm×160mm/2.5kg	（1）使用环境：温度-40～+60℃ 湿度：0～95% （2）工作电源：110～220V AC，交直流两用 （3）检测组分： H_2S、SO_2、HF、CO、CO_2、CF_4 （4）测量量程： H_2S：0～200ppm SO_2：0～200ppm HF：0～10ppm CO：0～500ppm CO_2：0～500ppm CF_4：0～500ppm （5）测量误差：2%FS （6）重复性：0.5ppm （7）便携性：方便携带	（1）支持手机 APP （2）内置锂电池，超长待机 （3）自动校准 （4）双通道检测技术	江苏省计量科学研究院，检定证书

续表

企业名称	型号规格	产地	适用设备	外观图片	主要技术参数	产品特点	是否具有型式试验报告
泰普联合科技开发（北京）有限公司	STP1100（高性能）	北京	用于测量GIS、变压器、互感器、断路器等SF_6电气设备中SF_6气体的分解物（也可用于绝缘介质为SF_6/N_2、SF_6/CF_4等混合气体的分解物）	尺寸：260mm×155mm×330mm/约6kg	（1）使用环境： 环境温度-20～+50℃ 相对湿度15%～85% （2）工作电源： 交流220V±10%，50Hz或直流16.8V/4.0A供电 （3）检测组分： SO_2、H_2S、CO、HF、CO_2、H_2、CF_4 （4）测量量程： SO_2：0～100～2000μL/L H_2S、CF_4：0～100μL/L CO：0～1500μL/L HF：0～10μL/L H_2：0～1000μL/L CO_2：0～3000μL/L （5）测量误差： SO_2、H_2S： 测量值≤10μL/L，误差≤±0.3μL/L 测量值>10μL/L，误差≤±3% CO： 测量值≤100μL/L，误差≤±4μL/L 测量值>100μL/L，误差≤±4% （6）重复性： SO_2、H_2S： 测量值≤10μL/L，重复测量误差≤±0.1μL/L 测量值>10μL/L，重复测量误差≤±1% CO： 测量值≤100μL/L，重复测量误差≤±1.5μL/L 测量值>100μL/L，重复测量误差≤±1.5% （7）便携性：主机带挽手，运输箱带轮子	（1）通过了《关于开展SF_6气体分解物检测仪校验工作的通知》（国家电网公司生变电〔2011〕50号）、国家电网公司企业标准《SF_6气体分解产物检测仪（电化学传感器）通用技术条件》在高温40℃、低温-10℃及常温下的全性能试验 （2）动态温度补偿技术消除温漂 （3）抗交叉干扰技术 （4）动态温度补偿技术消除温漂 （5）抗交叉干扰技术	中国电力科学研究院SF_6气体分解产物检测仪检测报告（性能试验）

第五章

机械声学检测

超声波探伤仪

用途

适用于瓷支柱式绝缘子、变压器箱体、GIS 盆式绝缘子、套管、电力线路专用的母排、线夹等一系列的金器具、电厂压力容器、管道等部件内部出现裂痕、沙眼、气孔时，检测其内部存在的机械损伤。

执行标准

NB/T 47013.3—2015 《承压设备无损检测　第 3 部分：超声检测》
JJG 746—2004 《中华人民共和国国家计量检定规程　超声波探伤仪》

相关标准技术性能要求

1. 水平线性误差

不大于 2%（JJG 746—2004）。

不大于 1%（NB/T 47013.3—2015）。

2. 垂直线性误差

不大于 6%（JJG 746—2004）。

不大于 5%（NB/T 47013.3—2015）。

3. 衰减器总衰减量

≥60dB（JJG 746—2004）。

4. 衰减器衰减误差

衰减器每 12dB 误差不超过±1dB（JJG 746—2004）。

5. 动态范围

不小于 26dB（JJG 746—2004）。

6. 电噪声电平

不大于垂直满刻度的 20%，且剩余增益大于 60dB（JJG 746—2004）。

7. 最大使用灵敏度

不大于 400μV（JJG 746—2004）。

8. 探伤灵敏度余量

不小于 42dB（JJG 746—2004）。

仪器－直探头组合性能：不小于 32dB；仪器－斜探头组合性能：不小于 42dB（NB/T 47013.3—2015）。

9. 扫描范围

不小于 3500mm（JJG 746—2004）。

10. 分辨力

不小于 26dB（JJG 746—2004）。

直探头远场分辨力：不小于 20dB；斜探头远场分辨力：不小于 12dB（NB/T 47013.3—2015）。

产 品 技 术 参 数

企业名称	型号规格	产地	适用设备	外观图片	主要技术参数	产品特点	是否具有型式试验报告
红相股份有限公司	FDD—100U	厦门	适用于 GIS 壳体焊缝、输电线路钢管塔对接焊缝、支柱瓷绝缘子及瓷套等探伤检测	尺寸：210mm×150mm×45mm/1kg	（1）最大增益：110dB （2）探测范围：零界面入射～10 000mm 钢纵波 （3）水平线性度：≤0.1% （4）垂直线性度：≤2.5%	（1）500 个探伤通道，A 扫波形：3200 组 （2）内置探伤标准，可自由调出 （3）实时显示缺陷 D、P、S、φ、SL 等参数 （4）高性能锂电池，连续工作 7～10h	否

续表

企业名称	型号规格	产地	适用设备	外观图片	主要技术参数	产品特点	是否具有型式试验报告
四川赛康智能科技股份有限公司	VPJC—SC—TS	成都	高压变压器	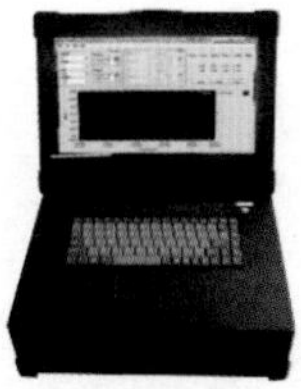 尺寸：410mm×300mm×132mm	（1）分辨率：350μg （2）灵敏度：100mV/g （3）量程：±50g （4）频带(±3dB)：0.5～10kHz （5）安装谐振频率：25kHz （6）对地绝缘电阻：＞108Ω （7）使用温度：-10～+70℃	（1）利用振动法对变压器绕组进行带电检测，可无线传输检测数据 （2）测试软件具备独立界面，可对数据进行故障计算、分析，得出检测结果 （3）数据采集模式具有：多通道数据采集显示，通道触发模式，无人值守采集 （4）数据分析功能具有：FFT分析显示，特殊频率点（50Hz/100Hz/150Hz…）FFT提取显示 （5）数据保存功能具有：手动文件保存；自动通道阈值触发文件保存；无人值守定时保存；无人值守阈值触发保存	GB/T 25000.51—2016《系统与软件工程系统与软件质量要求和评价（SQuaRE）第51部分：就绪可用软件(RUSP)的质量要求和测试细则》
四川赛康智能科技股份有限公司	PSIM—SC300	成都	高压开关柜断路器	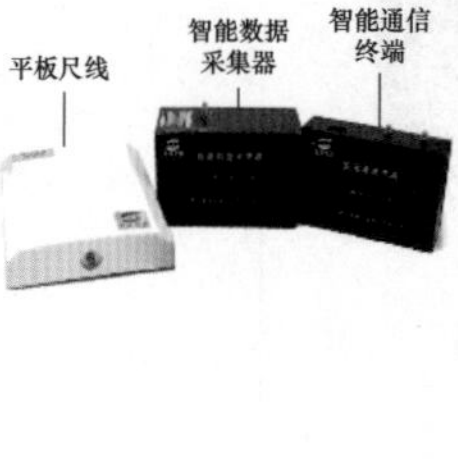 平板尺线 智能数据采集器 智能通信终端	（1）检测参量：分合闸、线圈电流 （2）检测范围：0～10A （3）分辨力：0.01 （4）图谱功能：电流波形图 （5）环境温度：-10～+70℃ （6）湿度：≤95%无凝露	（1）三路或以上直流检测通道，检测分闸合闸线圈电流、储能电机电流；通过波形分析，提取电流、时间特征值，分析机构状态 （2）绘制各种特征参数的电流特征曲线，判读断路器状态的发展趋势	是

续表

企业名称	型号规格	产地	适用设备	外观图片	主要技术参数	产品特点	是否具有型式试验报告
青岛华电高压电气有限公司	QH—PDE—G01	青岛	GIS、电力变压器	尺寸：556mm×358mm×230mm/10kg	（1）传感器平均有效高度：12mm （2）检测灵敏度：－70db （3）动态范围：－70～0db （4）稳定性：本系统能经受各种恶劣的室外气候（温度、湿度）环境及抵抗现场的电磁干扰、无线电波干扰和机械振动 （5）便携性：设备总重 7kg	（1）本产品灵敏度高 （2）抗干扰能力强 （3）能适应各种恶劣气候 （4）传感器安装方式灵活 （5）易于携带	是
青岛华电高压电气有限公司	QH—PDE—C01	青岛	电力电缆	尺寸：556mm×358mm×230mm/10kg	（1）传感器传输阻抗：50Ω （2）检测频率：0.3～100MHz （3）灵敏度：输入 10mA（P－P）；输出≥50mV （4）线性度：线性动态范围－70～10dbm，线性误差：≤±10% （5）抗干扰性：可通过使用选频调理器等进行硬件抗干扰；可通过时频分离等进行软件抗干扰	（1）本产品灵敏度高 （2）抗干扰能力强 （3）传感器安装方式灵活 （4）便携	是

第六章

新型检测及其他检测

一、新型检测

1. 基于脉冲电流法的开关柜局部放电带电检测仪

用途

适用于开关柜设备，带电检测开关柜局部放电的检测分析。

执行标准

GB/T 7354—2003/IEC 60270：2000 《局部放电测量》
Q/GDW 168 《输变电设备状态检修试验规程》

相关标准技术性能要求

（1）使用环境条件：① 环境温度：－10～+50℃；② 环境相对湿度：5%～90%；③ 大气压力：80～110kPa。

（2）电源：直流电源 5～36V 电池，交流电源 220（1±10%）V，频率 50（1±5%）Hz。

（3）误差：① 超声波：±1dB；② 暂态地电压：±1dB；③ 超高频：±1dB。

（4）灵敏度：① 超声波：－65dB；② 暂态地电压：－60dB；③ 超高频：<1.76dBV/m。

（5）测量范围：① 超声波：20～100kHz；② 暂态地电压：1～50MHz；③ 超高频：0.3～1.5GHz。

产 品 技 术 参 数 分 类

企业名称	型号规格	产地	适用设备	外观图片	主要技术参数	产品特点	是否具有型式试验报告
北京国电迪扬电气设备有限公司	XDP—3	加拿大	环网柜	尺寸：203mm×114mm×51mm/0.9kg	（1）采用脉冲电流测试方式 （2）灵敏度：1dB （3）测量范围：0～60dB （4）手持式	（1）抗干扰 （2）直接显示pC值 （3）可以定相 （4）自校准	无
红相股份有限公司	PDT—840	厦门	不同电压等级GIS、开关柜、电缆、变压器设备	尺寸：230mm×116mm×42mm/0.9kg	（1）具体应用检测技术：特高频、接触式超声波、非接触式超声波、暂态地电压、高频 （2）检测灵敏度：① 高频灵敏度：≤50pC；② 特高频灵敏度：−75dBm；③ 超声波灵敏度：接触式峰值灵敏度＞70dB[V/（m·s^{-1}）]，均值灵敏度＞60dB[V/（m·s^{-1}）]；非接触式＞40dB（V/μPa） （3）测量范围：① 特高频：−75～−10dBm；② 接触式超声波：0～300mV；③ 空气超声波：−10～70dBμV；④ 暂态地电压：0～60dBmV；⑤ 高频：0～300mV （4）便携性：手持式，0.9kg	（1）超声波、特高频及高频模块采用无线传输技术 （2）暂态地电压、空气超声波联合检测显示功能 （3）RFID 电子标签和二维码扫码功能 （4）支持图谱截屏、录波、超声波录音、可见光图像、温湿度等数据的存储 （5）支持蓝牙、WIFI、4G/3G网络等多种通信方式，并配备后台管理软件	是

续表

企业名称	型号规格	产地	适用设备	外观图片	主要技术参数	产品特点	是否具有型式试验报告
青岛华电高压电气有限公司	QH—UHF—TEM	青岛	开关柜	尺寸：16mm×16mm×5mm/200g	（1）应用UHF特高频局部放电监测技术/红外测温技术 （2）检测灵敏度：－70dB/0.01℃ （3）动态范围：－70～0dB/0～200℃ （4）便携性：二合一检测，轻便	（1）结合特高频检测与红外检测技术，形成的二合一检测设备 （2）能够通过智能算法对比分析局部放电、温度检测数据	是
青岛华电高压电气有限公司	QH—PDE—GKC	青岛	断路器	尺寸：300mm×250mm×60mm/≤2kg	（1）分合闸线圈直流电流： 范围 ±100A 精度 ±0.5% 分辨率±50mA （2）分合闸线圈直流电压： 范围±250V 精度 ±0.5% 分辨率±0.5V （3）三相主回路二次电流： 范围 ±5A 精度 1% 分辨率±50mA （4）线圈电流触发阈值： 范围 10mA 精度±0.5mA 分辨率±0.5m （5）同期性计时： 精度±0.2ms 分辨率±0.1ms	（1）全自动波形捕捉 （2）拥有完善波形库 （3）自动识别提取断路器操作过程特征状态量	是

2. 配电线路非接触式超声波带电检测

用途

用于配电线路及其绝缘子、带电检测局部放电的检测分析。

执行标准

GB/T 7354—2003/IEC 60270：2000 《局部放电测量》

Q/GDW 168 《输变电设备状态检修试验规程》

Q/GDW 11061—2017 《局部放电超声波检测仪技术规范》

相关标准技术性能要求

（1）使用环境条件。① 环境温度：－10～＋50℃；② 环境相对湿度：5%～90%；③ 大气压力：80～110kPa。

（2）电源：直流电源 5～36V 电池，交流电源 220（1±10%）V，频率 50（1±5%）Hz。

（3）检测灵敏度：在距离声源 1m 的条件下，可以测到声压级不大于 35dB 的超声波信号。

（4）检测频带：非接触方式的超声波检测仪，其峰值频率应在 20～60kHz 范围内。

（5）动态范围：不小于 40dB。

（6）线性度误差：不大于±20%。

（7）重复性：连续工作 1h，6 次测量结果的相对标准偏差值应不大于±5%。

产品技术参数分类

企业名称	型号规格	产地	适用设备	外观图片	主要技术参数	产品特点	是否具有型式试验报告
上海锐测电子科技有限公司	NL120	瑞士	适用于变压器套管、敞开式高压设备、高压开关柜的超声波成像局部放电检测	尺寸：17cm×10cm×29cm/0.8kg	（1）频率范围：2000～31 250Hz （2）传感器数量：124 个 （3）测量距离：小于 100m （4）工作时间：8h	（1）适用于电力设备的电晕检测 （2）可进行超声波定位 （3）实时的测量数据同步输入到办公室的云端 （4）云端服务器可对数据进行放电类型识别	否

续表

企业名称	型号规格	产地	适用设备	外观图片	主要技术参数	产品特点	是否具有型式试验报告
上海格鲁布科技有限公司	D74i 无线智能局部放电带电检测仪	英国	GIS、开关柜、变压器、高压电缆	尺寸：147mm × 110mm × 34mm/0.7kg	（1）具体应用检测技术、UHF、HF、AE、AA、TEV 等无线传感器检测 （2）检测灵敏度：0.9mV/m （3）测量范围：−80 ～ −5dBm，75dB （4）便携性：内置锂电池可续航 8h，单手无线操作	（1）支持 UHF、HF、AE、AA、TEV 多种检测模式 （2）智能终端操作，数据实时共享 （3）可调内同步频率 （4）自动识别电网频率，丰富的显示图谱 （5）电缆长度测量，局部放电定位	是
红相股份有限公司	SUD—300	澳大利亚	配电架空线路、变电站户外敞开式设备等	主机：256mm × 164mm × 65mm/1.5kg 探测器：340mm × 83mm × 142mm/0.6kg	（1）应用检测技术：非接触式超声波、可视化定位 （2）检测灵敏度：声压级 17.1dB（非接触式） （3）测量显示范围：0～35dB （4）检测频带：中心频率范围 35 ～ 45kHz 可选（1kHz 分辨率），峰值频率 40kHz （5）动态范围：＞40dB （6）线性度误差：＜±7% （7）重复性：＜±2% （8）可视化镜头：具备光学变焦功能	（1）可视化局部放电源定位，带水波纹指示，直观易懂，可实现不依赖于人员经验的高效巡检 （2）有效检测距离达 30m （3）支持现场高清拍照、录音保存及回放 （4）配备专业诊断分析软件，结合局部放电严重程度、设备类型、环境等多种因素进行综合诊断 （5）具备移动巡检功能，可在 30km/h 速度内行驶的车辆上开展巡检作业 （6）具备环境温湿度检测功能，并可选配地理信息定位功能 （7）具有干扰抑制功能，抗干扰能力强，对局部放电产生的超声波频段敏感 （8）便携手持式设计，体积小，重量轻	是

二、其他检测仪器

1. 断路器机械特性带电测试仪

用途

用于断路器设备，带电检测机械特性项目，包括断路器分合闸时间、行程、速度等参数。

执行标准

Q/GDW 11304.17—2014《电力设备带电检测仪器技术规范　第17部分：高压开关机械特性检测仪器技术规范》

相关标准技术性能要求

（1）使用环境条件：① 环境温度：－10～+50℃；② 环境相对湿度：5%～90%；③ 大气压力：80～110kPa。

（2）电源：直流电源5～36V电池，交流电源220（1±10%）V，频率50（1±5%）Hz。

（3）灵敏度：时间的分辨力为0.1ms，行程的分辨力为0.1mm。

（4）测量范围：① 分合闸时间的测量范围：0～200ms（适用于断路器、快速接地开关）；0～20s（适用于隔离/接地开关）。② 行程的测量范围：0～300mm。

产品技术参数分类

企业名称	型号规格	产地	适用设备	外观图片	主要技术参数	产品特点	是否具有型式试验报告
北京慧智神光科技有限公司	BIS—2021 BIS—2023	北京	10～1100kV高压开关	尺寸：312mm×315mm×154mm/3.5kg	（1）具体应用检测技术： 分闸线圈电流 副分线圈电流 合闸线圈电流 储能电机电流 触头行程 辅助触点 断口 振动 线圈电压 （2）检测灵敏度：0.1%FS （3）测量范围： 直流电流：0～200A 交流电流：0～300A 电压：0～300V 行程：0～300mm 分合闸时间：0～1400ms （4）便携性： 质量 3.5kg	（1）可带电检测安装 （2）方便捕获“首次”动作特性数据 （3）全回路检测，不留问题死角 （4）专利分析技术，可发现潜在缺陷和故障 （5）可对健康劣化趋势进行预测	是
杭州国洲电力科技有限公司	GZK—E3	杭州	10kV及以上等级开关设备	尺寸：240mm×180mm×60mm/2kg	（1）具体应用检测技术：显示信号波形，同时提供主触头动作时间；辅助触头动作时间；动作线圈完整性；DC 直流电源品质等信息；显示开关设备控制回路工作过程中的电流波形，分析电流波形的变化趋势和变化幅度，具备标准波形存储和对比显示功能，且可显示测量波形的原始值；三通道同步测量功能，可通过不同通道的测量数据进行比对分析 （2）测量范围及检测灵敏度： 1）电流测量： 直流：0～200A，精度：±0.1%，分辨率：50mA 2）交流：0～300A，精度：±0.1%，分辨率：100mA； 3）直流电压测量： a. 范围：0～250V，精度：±0.1%，分辨率：50mV b. 采样频率：50kHz/通道 c. 电流触发阈值范围：100mA～1A （3）便携性：2kg	（1）方便纵向和横向对比 （2）抗干扰能力强，双重滤波功能 （3）配置专家系统，具有故障诊断 （4）具有三相同期性检测功能	否

2. 变压器有载分接开关带电测试仪

用途

用于变压器有载分接开关，带电检测内部机械状态。

执行标准

《国家电网公司变电检测管理规定　第 11 分册　机械振动检测细则》（2017 年 3 月）

GB/T 13823.20—2008《振动与冲击传感器的校准方法　加速度计谐振测试通用方法》

GB/T 29716.2—2018《机械振动与冲击　信号处理》

相关标准技术性能要求

（1）使用环境条件：① 环境温度：－10～+50℃；② 环境相对湿度：5%～90%；③ 大气压力：80～110kPa。

（2）电源：直流电源 5～36V 电池，交流电源 220（1±10%）V，频率 50（1±5%）Hz。

（3）灵敏度：振动加速度传感器检测灵敏度 100mV/g。

（4）测量范围：±50g；频率范围：1～20kHz。电流传感器分辨力≤0.1A。

产品技术参数分类

企业名称	型号规格	产地	适用设备	外观图片	主要技术参数	产品特点	是否具有型式试验报告
杭州国洲电力科技有限公司	GZY—Z33	杭州	变压器有载分接开关	尺寸：33cm×35cm×18cm/7kg	（1）具体应用检测技术：驱动电机电流检测，有载分接开关振动检测 （2）检测灵敏度： 加速度计输入 加速度计类型：ICP（IEPE） 电压范围：+/－10V 励磁电压：DC 18～30V 励磁电流：2～20mA 灵敏度：100mV/g 测量范围：+/－50g 频率范围：0.5Hz～20kHz 谐振频率：≥36kHz （3）电流输入 分辨率：16 位转换（+/－LSB） 电压范围：+/－10V 电流范围：0.1～20A，0.5～200A 输出电流电压比：20A 量程为 100mV/A，200A 量程为 10mV/A 频率范围：40Hz～40kHz 噪声比：优于 80dB 接头形式：BNC （4）便携性：手提箱，7kg	（1）采用振动声学信号和驱动电机电流信号 （2）全面掌控有载开关机械性能状态 （3）停电状态和带电状态都可测量 （4）内设专家库，智能地分析判断 （5）智能记录数据，纵向对比方便	否
上海日夜光电技术有限公司	CBV—19	加拿大	适用于变电站断路器	尺寸：30cm×35cm×18cm/7kg	（1）采样频率：38Hz～200kHz （2）采样时间：5μs～26ms （3）光学编码器输入精度：8000 脉冲/转 （4）A/D 转换：16bit （5）OpenZen 软件，提供超过 70 种 OLTC 的数据库	CBV 产品是世界上唯一一款可以在单一测试中执行时间、行程、振动和动态电阻测试的断路器检测仪，在断路器开合过程中会产生振动，通过开合曲线中所包含的有用特征信息，ZENSOL 断路器故障诊断评估系统可以高速记录这些振动、电流、时间、行程、电阻等信号用于分析断断路器故障	是

续表

企业名称	型号规格	产地	适用设备	外观图片	主要技术参数	产品特点	是否具有型式试验报告
上海日夜光电技术有限公司	TAP—4	加拿大	适用于变电站变压器	尺寸：30cm×35cm×18cm/7kg	（1）采样频率：100kHz （2）采样时间：10μs （3）分辨率：16bit转换，180ns超级响应速度，信噪比84dB （4）分析方法：包络线分析法（提供2001加拿大专利技术） （5）OpenZen软件，提供超过70种OLTC的数据库	Tap—4有载分接开关动特性测试系统是全世界第一台运用振动声学方法的便携式仪器来执行针对变压器有载分接开关的带电或停电测试。好像听诊器一样，能在不打开分接开关情况下通过声学及电动机的信号，检测出不同类型的机械电气问题	是
红相股份有限公司	TCD—100（振动声学指纹和驱动电机电流原理）	厦门	所有类型的有载调压开关变压器	尺寸：55.88cm×26.67cm×45.4025cm/18kg	（1）具体应用检测技术：非介入性测量、驱动电机电流检测分析技术、振动声学检测分析技术 （2）检测灵敏度：100mV/g （3）动态范围：≥60dB （4）便携性：18kg	（1）适用于所有类型OLTC检测 （2）振动声学与驱动电机电流联合技术 （3）具备包络分析、能量谱分析、重合度计算等多种分析功能 （4）具备标准库、案例库功能 （5）内置大容量电池，续航时间5h以上	是